W0268787

Die ökonomische

Vertheilung und Benutzung

von Boden und Wasser.

Eine nationalökonomische Studie

im

Interesse des Waldschutzes und einer verbesserten Ernährungsbilanz
durch Förderung der Wasserwirthschaft

von

Friedrich Wilhelm Toussaint,

Technischer Referent für allgemeine Landescultur im Ministerium für Elsaß-Lothringen.

Mit zwei Abbildungen.

Springer-Verlag Berlin Heidelberg GmbH 1882

„Eine richtige Beherrschung, Vertheilung
und Benutzung des Wassers ist das große Ziel,
nach welchem nicht nur die Landwirthschaft,
sondern auch die Volkswirthschaft, ja die ganze
Menschheit streben sollte, um uns vor einer
Hungerkalamität zu bewahren.“

Prof.

Meinem hochverehrten Freunde

dem unermüdlichen Beförderer des Land- und Gartenbaues

Herrn Friedrich Eduard Ludwig v. Wolff,

Rittergutsbesitzer auf Liebstein, Landesältester und Kreisdeputirter; Vorsitzender des
Gartenbauvereins und der Ökonomie-Section der naturforschenden Gesellschaft
zu Görlitz

hochachtungsvoll gewidmet.

ISBN 978-3-662-32330-4
DOI 10.1007/978-3-662-33157-6

ISBN 978-3-662-33157-6 (eBook)

Vorwort.

———

Der Zweck dieser Schrift ist, im Hinblick auf die rapide Vermehrung der Bevölkerung und den damit in Beziehung stehenden Kampf zwischen Kapital und Arbeit die hohen Staatsbehörden und die Vertreter der Wissenschaft auf die bessere Sammlung und Verwerthung des Wassers in den einzelnen „Culturzonen" aufmerksam zu machen, welche wir mit Wald=, Getreide= und Grasland zu bezeichnen pflegen.

Denn die Lösung der socialen Fragen unserer Zeit hängt in der Hauptsache mit der Ernährungsfrage, Vermehrung und Verbesserung des Wohlstandes eines Volkes zusammen, welche letzteren alle Staatsverwaltungen nöthigen, möglichst ergiebige und gesicherte Productionsgebiete für die nothwendigsten Lebensbedürfnisse zu erforschen und durch zeitgemäße Gesetze sicher zu stellen. Hiermit steht die wissenschaftliche Erforschung und das, mit Hilfe der „Schulgärten" womöglich in jeder Dorfgemeinde volksthümliche Studium der geologischen Schichten des Culturlandes bis zu einer den Wurzeln unserer Nutzpflanzen erreichbaren Tiefe in einem directen Zusammenhange, denn keine Wissenschaft vertritt in dem wirthschaftlichen Organismus eines modernen Staates so zahlreiche Interessen, als das Verständniß einer rationellen Verwerthung von „Boden und Wasser."

Im allgemeinen Staatsinteresse liegt es daher — nach den von Schweizer=Ingenieuren gegebenen Beispielen — durch die Aufforstung und rationelle Bewirthschaftung der Wälder in den Quellengebieten der Flüsse, durch Anlage von Stauwerken und Horizontalgräben

an den Berglehnen sowie durch Vermeidung von Streuentnahme aus
den Gebirgsforsten ein ergiebiges Wasserreservoir für die Niederungen
der Länder zu schaffen und das Herabstürzen des Gerölles zu ver=
meiden, durch dessen Ablagerung an den Mündungen der Flüsse die
Versumpfungen ihre erste Ursache finden. Zu diesem allgemeinen
Landeskulturzwecke ist in dem Etat jedes Staates ein dauernder
Posten, behufs Einführung einer zeitgemäßen und productiven Wasser=
wirthschaft, aufzunehmen.

Es ist mir eine angenehme Pflicht an diesem Orte mit Dank
anzuerkennen, daß ich zur Abfassung dieser Schrift die einschlagenden
Studien der Herren: Prof. Dr. Krämer in Zürich, Prof. Dr. Orth
und Dr. Hellmann in Berlin, Prof. Dr. Bömerth in Dresden
und Baurath a. D. Dirck in Wiesbaden benutzt habe. —

Ich gebe mich der Hoffnung hin, daß es mir gelungen sein
möge, sowohl unter den Verwaltungsbeamten und den politischen
Vertretern des Volkes, als auch in den Kreisen der Land= und
Forstwirthe für die Lösung dieser großen nationalen Culturfrage neue
Freunde und Mitarbeiter gewonnen zu haben, eine Culturfrage,
welche die gesetzliche Sicherstellung einer nach Haupt=Culturzonen
geregelten Wald= und Wasserwirthschaft als stabile Fundamente der
Volkswirthschaft, also die Förderung von Landwirthschaft, Industrie
und Handel zu Ziele hat; mit der Devise:

     „Ohne rationelle Waldwirthschaft keine ergie=
     bige Wasserwirthschaft, — Mangel an Brod, Fleisch
     und Arbeit, und somit — keine finanziell gesicherte
     Staatswirthschaft!"

Straßburg i. E., im August 1882.

                                 Der Verfasser.

Inhalts-Verzeichniß.

I.

Einleitung.

„Das Beste ist das Wasser!"
Pindar.

Zur Abfassung dieser Schrift bestimmt mich in erster Linie der in der II. Sitzungsperiode des königl. preußischen Landes-Oekonomie-Collegiums vom 13.—15. Januar 1881 gestellte Antrag des königl. Oberforstmeisters Dr. Borggreve: „Die Verpachtung von Staats-Forstland betreffend", wobei ich jedoch vorn herein bemerke, daß ich mich weniger mit den Motiven dieses Antrages, als vielmehr mit dem volkswirthschaftlichen Zweck desselben beschäftigen werde. — Ohne Zweifel sind die deutschen Staatsregierungen, im Hinblick auf die in den Grenzen des deutschen Reiches sich alljährlich um ca. 600 000 Personen vermehrende Bevölkerung verpflichtet*), schon von langer Hand Fürsorge zu treffen für die Sicherstellung und möglichste Vermehrung der Production unserer nothwendigsten Lebensbedürfnisse, und ist nur zu bedauern, daß in der betreffenden Sitzung die beregte Frage nicht auch vom Standpunkte des Culturtechnikers und Socialpolitikers zur Erörterung gelangte, weil ich der Meinung bin, daß die Lösung derselben nicht in der Vermehrung des bereits vorhandenen Acker- und Wiesenlandes, sondern vielmehr in einer besseren Bonitirung, Vertheilung und

---

*) Vergl.: „Bedarf Deutschland der Kolonien?" von Dr. Fabri. Gotha bei Perthes 1880.

1

Benutzung desselben auf Grund einer rationellen Wasserwirthschaft und in einer vermehrten Sicherstellung des Grundbesitzes und des Landbaues, gegenüber der Alles beherrschenden Geldwirthschaft, gesucht werden muß.

In der That habe auch ich mich seit einer Reihe von Jahren mit dem beregten wirthschaftlichen Gedanken des Oberforstmeisters Dr. Borggreve: „ein möglichst umfassendes und ergiebiges Productionsgebiet für Getreide und Fleisch in den engeren Grenzen unseres deutschen Vaterlandes zu präcisiren" beschäftigt und die Grundgedanken meiner Studien in einer kleinen Schrift über „die landwirthschaftliche Wasserfrage" (k. k. Calve'sche Hofbuchhandlung. Prag 1878) veröffentlicht; nur in den Mitteln weiche ich also von dem gestellten Antrage ab, während in den volkswirthschaftlichen Zielen ich mich durchaus einverstanden mit demselben erklären kann. Ich lege den Schwerpunkt dieser Culturfrage in erster Linie auf die Feststellung, Sammlung und richtige Vertheilung der in den Grenzen eines großen Reiches zur Verfügung stehenden Wassermenge und in zweiter Linie auf die richtige Bonität und Classification des Culturlandes; ich bin der Meinung, daß wir auf diese Weise noch Quellen so enormen Reichthums finden werden, daß von einer Verminderung der Waldflächen vorerst nicht nur ganz abgesehen werden kann, sondern der von Prof. Dr. Settegast an die k. Staatsregierung gestellte Antrag: „Nach Möglichkeit dahin wirken zu wollen, daß überall dort, wo absoluter Waldboden landwirthschaftlich benutzt wird, derselbe seiner natürlichen Bestimmung und Benutzung zurückgegeben werde" durchaus correct und an seinem Platze war; denn der Wald, und zwar namentlich der Gebirgswald, ist ein hervorragender Träger der allgemeinen Cultur, indem er die von den Meeren und Flußthälern als Nebel und Wolken ihm zugeführten Wassermassen in sich aufnimmt und so das beste Wasserreservoir zur dauernden Befruchtung unserer tiefer liegenden Gras- und Getreidefluren bildet. Es steht hiermit die staatliche Organisation eines möglichst umfassenden „meteorologischen Dienstes" in einem directen Zusammenhange, wie ich dieses bereits in meiner Schrift: „Betrachtungen über die Bedeutung der Meteorologie und der Wasserfrage im Staatshaushalt"

eingehend zu erläutern bestrebt gewesen bin*). Die darin gemachten
Mittheilungen, welche zu meiner Freude in der Presse eine sehr
günstige Beurtheilung gefunden haben, geben der Ueberzeugung
Raum, daß erst durch die Anstrebung einer geregelten Wasser=
statistik, auf Grund systematischer meteorologischer Beobachtungen,
der Land= und Volkswirthschaft ganz enorme wirthschaftliche Vor=
theile, der Gesetzgebung sichere Unterlagen, so namentlich auch für
eine gerechtere Besteuerung des Grund und Bodens und Theilung
des Wassers zwischen Industrie und Landwirthschaft, und endlich
den angestellten Meliorations=Ingenieuren und Strombaumeistern
eine vorzügliche wissenschaftliche Basis für die Feststellung ihrer
hydrotechnischen Projecte gewährt wird. Das Studium der Wasser=
kunde, der Wassersammlung, der Wasserbenutzung, über=
haupt die Einführung einer geregelten Wasserwirthschaft in den
Organismus des modernen Staates, ist ohne die Organisation und
Centralisation möglichst umfassender meteorologischer Beobachtungen,
und wenn auch nur allgemeiner Feststellung der uns alljährlich zur
Verfügung stehenden Wassermenge, gar nicht ausführbar. Dann
wird es auch leicht sein, für ganze Flußgebiete und Landkreise den
wahrscheinlichen Ausfall der Ernten in ihrer Gesammtheit, mit
Hilfe des Katasters schon im Laufe des Sommers zu bestimmen,
wodurch die Feststellung des zu erhoffenden Quantums und der
Preise unserer nothwendigsten Lebensbedürfnisse sich noch rechtzeitig
regeln lassen und der soliden Speculation, sowie auch für die Aus=
dehnung des landwirthschaftlichen Culturlandes sichere statistische
Unterlagen gegeben werden können.

Das Studium der Meteorologie hat in der That höhere Auf=
gaben, als die einfache Witterungslehre sie erfordert und z. B. die
nur der Fachwissenschaft angehörigen Ziele der forstlichen Versuchs=
stationen dieses anzudeuten scheinen, denn man kann mit Rücksicht
auf ihre volkswirthschaftliche Bedeutung, nach Dr. Hann, von einer
klimatischen Landesaufnahme mit demselben Rechte sprechen, wie
man von einer geologischen Landesaufnahme spricht. Wie diese

---

*) Jahrbuch über Gesetzgebung, Verwaltung und Volkswirthschaft von
Holtzendorff u. Brentano, IV. Jahrgang, Heft 2. Leipzig, bei Dunker und
Humblott. 1880.

letztere über die aus dem Boden stammenden Hilfsquellen eines Landes Aufschluß geben soll, so leisten Aehnliches die über das ganze Land verbreiteten meteorologischen Stationen in Bezug auf die aus der Atmosphäre stammenden Kräfte. Denn es ist jedem Lande ein gewisses Maß von Wärme und eine gewisse Menge atmosphärischer Niederschläge zugetheilt, die in Verbindung mit den chemisch-physikalischen Functionen des Sonnenlichtes eine gewisse Summe von Kraft darstellen, mit deren Hilfe ein bestimmtes Maß von Leistungen für den Nationalwohlstand möglich ist. — Erst dann werden wir auch den großen Einfluß der Wälder, und zwar namentlich der Gebirgswälder, auf die Fruchtbarkeit des Klimas und die bessere Vertheilung der gefallenen Regenmengen, im Interesse der Vegetation unserer landwirthschaftlichen Producte genau kennen und demgemäß wirthschaftlicher benutzen lernen. Auch dürfen wir niemals aus den Augen verlieren, daß mit der erweiterten Hebung der Industrie und Bodenkultur auch das allgemeine Wasserbedürfniß ein größeres wird, woraus folgt, daß die Hebung der rationellen Bodenkultur und die sogenannte Waldschutzfrage als innig zusammenhängende Fragen betrachtet werden müssen. Wir werden also das uns zur Verfügung stehende Land, mit Rücksicht auf Lage, Klima und Wasserverhältnisse stets in Waldland, Getreideland und Grasland und zwar in der Weise einzutheilen haben, daß zugleich die rationellste Benutzung desselben im Interesse vermehrter Production von Holz, Getreide und Fleisch ꝛc., sei es im Einzelbesitz oder mit Hilfe von Genossenschaften, in den Grenzen der Möglichkeit liegt. Der Wald ist hierbei als der Sammler und Erhalter der fruchtbringenden Niederschläge zu betrachten, welcher das Getreide- und Grasland während der Sommermonate bedarf, um eine gute Ernte zu sichern, wobei das eigentliche Weideland mehr in den großen Flußniederungen, in den Thälern und auf den Matten der Gebirge seinen naturgemäßen Standort findet; er soll daher namentlich auf den Höhenzügen der Länder, also in den Gebirgen seinen Platz finden, um ganz successive an die tiefer liegenden Feldfluren das befruchtende Naß wieder abzugeben, welches ersterer in sich aufgenommen hat.

In Europa nimmt die Zahl der Tage, an welchen es regnet oder schneit (Regentage) von Süden nach Norden zu, die Regenmenge dahingegen in derselben Richtung hin ab. Genau ebenso, wenngleich im umgekehrten Verhältniß, besteht eine wesentliche Ungleichheit des Regenfalles zwischen den Niederungen der Flüsse und dem Kamme des Gebirges, weil die verschiedenen über Höhen und Tiefen lagernden Temperatur-Zonen das Herabfallen des Regens entweder beeinträchtigen oder begünstigen. Es empfiehlt sich also, um richtige statistische Daten zu erlangen, eine möglichst zahlreiche Aufstellung von Regenmessern nach Höhen-Zonen, welche letzteren correct mit Flachland, Hügelland und Gebirgsland zu bezeichnen sind, nach wissenschaftlichen Grundsätzen und unter Leitung von meteorologischen Centralstellen, welche mit der deutschen Seewarte in direkter Beziehung stehen.

Das schöne Wort des Pindar: „Das Beste ist das Wasser!" wird mehr und mehr in seiner ganzen großen Wahrheit und Bedeutung auch bei den Völkern des Abendlandes erkannt, denn nicht nur die Interessen der Industrie und des Handels, sondern auch die Land- und Forstwirthschaft verlangen mit immer größerer Energie daran zu denken, daß der Ueberfluß des Wassers, welches aus den Wolken fällt, schon in den höheren Regionen der Gebirge gesammelt wird, um ihn in trockenen Jahreszeiten theils zum besseren Betriebe der Gewerbe, theils zur rechtzeitigen Anfeuchtung unserer in der Gluth der Sonne verschmachtenden Feld- und Waldkulturen volkswirthschaftlich zu verwerthen. — Die intensive Benutzung unserer Feldfluren verlangt während der Vegetationsperiode ganz enorme Wassermengen, denn nach den Untersuchungen des Professor Dr. Hellriegel sollen z. B. zur Production von 1 Kilogr. Gerstenkörner allein 700 Kilogr. Wasser erforderlich sein. Es sollte daher im Interesse der Wassersammlung bis zu einer gewissen Höhengrenze alles Land, wir wollen sagen, wie in den Ländern Elsaß-Lothringen, Baden und Oberösterreich, mindestens 33% des vorhandenen Kulturlandes nur mit Wald angebaut bleiben.

Den eclatantesten Beweis dafür, daß nur auf Grund einer guten Waldwirthschaft ein sicherer Futterbau und eine geregelte Wasserwirthschaft einzuführen ist, liefert uns der Kreis Siegen in Westfalen, welcher 72% Waldland enthält. Daß aber nur auf einen gesicherten Futterbau, welcher mit einer geregelten Wasserwirthſchaft in birecter Beziehung ſteht, ein guter Viehſtand und ſomit eine rentable Landwirthſchaft unterhalten werden kann, zeigt uns ferner eine Zuſammenſtellung der Reſultate der Viehzählung im Deutſchen Reich vom Jahre 1873. Wir wählen hierzu die an **Größe, Lage, Boden und Klima** faſt gleichartigen Länder **Baden** und **Elſaß-Lothringen**, welchen wir, nur um die Gegenſätze noch deutlicher hervortreten zu laſſen, die Provinz **Schleswig-Holſtein** und den Regierungsbezirk Liegnitz in der Provinz **Schleſien** zur Seite ſtellen.

Namen der Länder und Bezirke.	Flächeninhalt □ Ml.	Zahl der Bevölkerung.	Der Viehſtand.					Auf Rindvieh reducirt. Stück.	Es kommen auf je 1000 Einwohner Stck. Gr.vieh.	Davon fallen auf jede Quadrat-Meile Stck. Großvieh.	Zahl der Bevölkerung pro Quadrat-Meile.
			Pferde.	Rindvieh.	Schafe.	Schweine.	Ziegen.				
Regb. Liegnitz	250	983020	57023	418073	610931	92113	63845	584651	594	2338	3932
Schlw.-Holſtein	320	995873	134109	708812	392431	168874	32946	927814	932	2900	3112
Großh. Baden	272	1461562	70220	660405	170556	371389	82074	819770	560	3070	5475
Elſaß-Lothringen	264	1517494	130172	418484	191141	266505	56579	622136	498	2356	5748

Diese Ueberſicht zeigt, daß der Viehſtand des ziemlich induſtrie=
reichen Reg.=Bez. Liegnitz demjenigen von Elſaß=Lothringen, obwohl
derſelbe um 14 ☐Meilen kleiner iſt, viel Sandboden und ein Klima
von nur + 7 Centi=Gr. mittler Jahreswärme beſitzt, faſt ganz gleich
iſt. Hier wie dort ſind ferner die zahlreichen von den Vogeſen und
dem Rieſengebirge herabrieſelnden Bäche und Rinnſale nicht regulirt,
aber Elſaß=Lothringen hat, wenn im Großen und Ganzen nicht
beſſeren Boden, ſo doch ein Klima von durchſchnittlich + 10 Centi=Gr.
Jahreswärme; der jährliche Regenfall beträgt hier wie dort durch=
ſchnittlich 65 Centimeter und beide haben über 30 % Waldfläche
und einen ziemlich gleichgroßen Umfang von Höhenland. Es bleibt
hiernach keinem Zweifel unterworfen, daß die Landwirthſchaft im
Regierungsbezirk Liegnitz, trotz ungünſtigerer klimatiſcher Verhältniſſe,
ſich einer beſſeren Cultur erfreut, als dieſes in Elſaß=Lothringen der
Fall iſt. — Die Hebung der Viehzucht hat aber auch die Förderung
des Ackerbaues zur Folge, und wenn wir nach der Urſache des ge=
ringeren Viehſtandes in Elſaß=Lothringen forſchen, ſo können wir
nur, wie dieſes auch Friedrich Liſt *) in ſeiner Abhandlung über die
„Zwergwirthſchaft“ und in neuerer Zeit Profeſſor Lambl in Prag
hervorhebt**), die großartige Ausdehnung der Parzellenwirthſchaft
damit bezeichnen.

Schleswig=Holſtein hat wenig Induſtrie, wohl aber Handel
und Seeſchifffahrt, der größere Theil der Bevölkerung iſt jedoch,
wie dieſes z. B. auch in Deutſch=Lothringen der Fall, auf den
Betrieb der Viehzucht und des Ackerbaues angewieſen. Im Hin=
blick auf ähnliche wirthſchaftliche Verhältniſſe in den meiſten älteren
Provinzen des preußiſchen Staates ſind daſelbſt die beſtehenden
arrondirten Hofwirthſchaften mit geregelter Weide, theils die
der Hochkultur Englands ſich nähernden Culturverhältniſſe dieſer
Provinz der Förderung der Viehzucht überaus günſtig und als die
natürliche Urſache eines offenbaren Wohlſtandes unter der Landbe=
völkerung zu betrachten. Die daſelbſt beſtehende Methode der

---

*) Friedrich Liſt's ſämmtliche Schriften vom Prof. Häuſſer II. Theil.
Stuttgart und Tübingen 1850.

**) Vergl.: „Depecoration“ (Viehabnahme) in Europa, von Prof. Dr.
Lambl in Prag. Leipzig 1878.

Koppelwirthschaft steht damit in directer Beziehung und es liegt kein Grund vor, dieselbe nicht auch in anderen geeigneten Districten des deutschen Reiches einzuführen. Am auffallendsten tritt jedoch der günstige Erfolg einer auf die Regulirung der Bäche des Landes begründeten Wiesenkultur bei Vergleichung des Viehstandes im Großherzogthum Baden und Elsaß-Lothringen hervor. Im letztgenannten Staate, wo die Bäche noch nicht regulirt sind und das Benutzungsrecht auf das Wasser derselben meistens von der Industrie beansprucht wird, muß also der Vieh= stand nach vorstehender Tabelle noch um 184000 Stück Großvieh zunehmen, wenn er die Ziffer erreichen will, welche das Großherzog= thum Baden offenbar in Folge seiner vortrefflichen Wald= und Wasserwirthschaft auszeichnet, und wodurch das Nationalvermögen allein, wenn das Stück Großvieh nur mit 300 Mark berechnet wird, um rund 45,500000 Mark vermehrt werden würde.

Es dürfte nunmehr von Interesse sein zu wissen, wie sich die „Ernteerträge und die Ernährungsbilance" gegenwärtig in den ein= zelnen Ländern des deutschen Reiches gestalten, ehe wir auf eine specielle Betrachtung der Boden= und Wasserfragen übergehen.

II.

Ernteerträge und Ernährungsbilance.

Der sicherste Maßstab zur Beurtheilung der landwirthschaftlichen Kultur eines Landes ist die Ernte, d. h. das Quantum derselben, in Centnern, welches der Landwirth auf einer gegebenen Fläche, also z. B. pro Hectar, als Resultat seiner Arbeit im Laufe einer Reihe von Jahren durchschnittlich zu produciren im Stande ist. Der gebildete Landwirth weiß, daß hiermit neben der rationellen Bearbeitung und Düngung des Bodens, auch die Qualität des Saatgutes und die rechtzeitige Ausführung der Ackerbestellung und Ernte in einem directen Zusammenhange stehen. —

In der vom K. Statistischen Amte in Berlin für das Jahr 1878 aufgestellten Uebersicht der Erntemengen und Anbauflächen

der wichtigsten landwirthschaftlichen Producte, welche von dieser Be=
hörde freilich nur als vorläufige Ernteerhebungen bezeichnet
werden, nimmt das Reichsland an angebautem Culturland den
anderen deutschen Staaten gegenüber einen vorgeschrittenen Rang
ein, steht jedoch in Bezug auf Ernteerträge, trotz vortrefflicher
climatischer und Bodenverhältnisse mit Ausnahme von Wiesenheu
hinter den in Deutschland erzielten Durchschnittserträgen in allen
Kulturgattungen zurück, wie sich dieses aus der nachfolgenden Zu=
sammenstellung ergiebt.

Im Jahre 1878 wurden angebaut in Procenten von der vor=
handenen Gesammtfläche des Landes:

Staaten und Landestheile.	Weizen u. Spelz.	Roggen.	Gerste.	Hafer.	Buchweizen.	Erbsen.	Kartoffeln.	Wiesen und Weiden.	Also zusammen mit Cerealien.
Preußen.........	3,00	12,86	2,52	7,09	0,64	1,13	5,41	9,60	42,25
Bayern	5,13	7,58	4,42	5,81	0,02	0,17	3,61	15,99	42,73
Sachsen	3,00	14,69	2,34	11,45	0,32	0,36	7,54	12,50	52,20
Württemberg.....	10,91	2,01	4,60	6,86	0,00	0,12	3,95	14,41	42,86
Baden	7,86	3,11	3,88	3,88	0,04	0,05	5,73	12,51	36,96
Hessen	6,43	8,61	6,85	5,28	0,08	0,58	8,42	12,01	48,26
Mecklenburg......	3,42	10,87	1,38	7,66	0,20	1,90	2,46	4,39	34,28
Sachsen=Weimar ..	5,10	8,93	6,93	7,88	0,00	1,17	4,67	7,94	42,62
Oldenburg	0,83	9,61	1,52	5,61	1,39	0,20	2,13	11,73	33,02
Braunschweig	4,86	11,88	2,64	8,13	0,15	1,51	4,80	9,94	43,91
Sachsen = Altenburg	4,34	15,09	5,74	11,01	—	0,44	5,86	8,35	50,83
Anhalt..........	2,93	13,69	9,21	6,60	0,12	0,72	7,67	7,03	47,97
Schwarzburg	6,20	8,84	4,46	6,22	—	1,21	5,13	6,03	38,09
Reuß	1,46	10,86	4,31	7,76	—	0,33	6,00	16,25	50,27
Waldeck	3,08	9,53	0,96	9,66	—	1,18	3,09	8,04	35,54
Schaumburg=Lippe	3,80	9,53	1,88	6,04	—	0,04	2,60	8,19	32,08
Lübeck...........	3,07	10,75	1,71	12,28	0,95	1,49	2,02	7,57	39,84
Bremen	1,15	6,90	1,59	5,98	0,03	0,42	3,53	38,07	57,67
Hamburg	4,02	7,99	0,56	9,83	0,82	0,35	2,81	7,03	33,41
Bezirk Unter=Elsaß	12,06	2,36	5,07	2,07	0,01	0,07	7,23	13,36	42,23
Bezirk Ober=Elsaß	9,21	3,64	5,23	2,26	0,26	0,05	5,84	13,36	42,85
Bezirk Lothringen.	16,46	2,66	2,08	12,22	0,00	0,39	5,12	10,49	49,42
Elsaß=Lothringen .	13,26	2,80	3,83	6,47	0,07	0,21	5,99	12,13	44,76
Deutsches Reich...	4,08	11,00	3,00	6,94	0,55	0,88	5,09	10,88	42,42

Im Jahre 1878 wurden geerntet pro Hektar in Centnern:

Staaten und Landestheile.	Weizen und Spelz.	Roggen.	Gerste.	Hafer.	Buchweizen.	Erbsen.	Kartoffeln.	Wiesenheu.
Preußen..............	**33,7**	24,8	**33,3**	30,1	20,6	**23,5**	194,0	75,6
Bayern..............	24,3	20,7	23,1	23,2	26,6	24,6	126,6	121,1
Sachsen..............	37,3	34,5	32,7	35,5	18,2	28,0	213,0	79,1
Württemberg	19,9	22,7	25,3	23,8	15,3	20,6	88,5	101,5
Baden..............	26,4	22,2	26,4	27,4	25,0	30,0	104,0	108,0
Hessen..............	27,3	22,1	27,3	30,3	22,0	18,2	138,3	79,9
Mecklenburg	35,4	28,3	35,0	31,6	16,5	17,1	206,5	56,2
Sachsen-Weimar	24,8	26,3	33,4	26,1	18,0	22,3	163,2	65,9
Oldenburg	37,7	22,7	31,6	25,1	24,5	24,8	148,7	73,9
Braunschweig	40,7	37,3	37,8	36,6	16,1	26,7	195,6	84,8
Sachsen-Altenburg	34,3	29,9	34,0	35,3	—	22,3	221,9	73,8
Anhalt	**42,0**	**34,3**	**43,0**	**36,4**	**5,2**	**36,7**	**254,3**	**59,7**
Schwarzburg	29,0	27,2	33,6	27,9	—	22,7	153,3	61,5
Reuß	25,0	24,7	22,3	22,9	—	19,7	124,3	37,0
Waldeck..............	30,5	28,3	27,1	31,4	17,0	27,4	183,0	99,0
Schaumburg-Lippe.....	29,4	30,8	28,5	25,4	—	19,0	142,0	60,8
Lübeck..............	33,2	24,2	22,8	25,5	19,2	24,4	168,2	71,5
Bremen..............	25,7	20,1	20,9	23,9	30,9	29,7	124,2	80,1
Hamburg	22,0	25,8	27,2	26,2	32,6	14,0	208,2	82,8
Bezirk Unter-Elsaß	22,2	20,0	24,1	27,9	14,5	16,4	99,2	103,3
Bezirk Ober-Elsaß	25,7	19,4	24,0	22,7	16,4	20,2	133,6	101,3
Bezirk Lothringen	19,1	16,8	18,6	19,4	16,2	18,7	102,0	80,4
Elsaß-Lothringen......	**21,2**	**18,5**	**22,8**	**20,2**	16,4	18,6	**108,3**	**90,5**
Deutsches Reich	29,1	24,9	30,1	29,1	20,7	23,2	177,8	87,5

Diese Nachweisung ist eben so interessant als belehrend, weil
sie uns einen allgemeinen Einblick in die vorliegenden Culturverhält=
nisse der einzelnen deutschen Länder gestattet. Wenn nun die Art und
Weise der statistischen Aufnahme unserer Ernteerträge noch nicht den=
jenigen Grad von Vollkommenheit erreicht hat, als dieses zur Auf=
stellung einer richtigen Ernährungsbilance nothwendig erscheint, so
haben diese Aufnahmen doch ergeben: daß die Wiege und die
Musterstaaten namentlich für die Cultur des Getreidebaues wir im
Herzen Deutschlands, in Anhalt, Braunschweig und Sachsen
zu suchen haben und daß in allen Staaten und Provinzen, in
welchen der kleine Grundbesitz vorherrschend ist, die Ernteerträge,
welche sich speciell auf Körnerbau und Hackfrüchten beziehen, be=
deutend gegen die Länder zurückstehen, in welchen der Großgrund=
besitz einen hervorragenden Theil des Grundeigenthums bewirth=

ſchaftet. So hat z. B. Elſaß-Lothringen den Durchſchnittsertrag an Körnern im deutſchen Reich nicht nur nicht erreicht, ſondern im Allgemeinen gerade halb ſo viel pro Hectar geerntet, als das Herzogthum Anhalt und 50 Procent weniger als Preußen, wo doch die Boden- und klimatiſchen Verhältniſſe bei Weitem ungünſtiger ſind. — Das Wenigſte in allen Fruchtgattungen wurde im deutſchen Reich pro Hectar im Bezirk Lothringen geerntet. Wir werden ſpäter ſehen, daß dieſe Thatſache auch mit der beſtehenden localen Witterung während der Vegetationszeit in einem directen Zuſammenhange ſteht.

Von dem vorhandenen Culturland wurden in den betreffenden Ländern am meiſten angebaut: Weizen in Elſaß-Lothringen; Roggen in Preußen und Sachſen; Gerſte in Heſſen und Anhalt; Hafer in Sachſen und Lübeck; Buchweizen in Oldenburg; Erbſen in Preußen, Sachſen und Mecklenburg; Kartoffeln in Sachſen und Heſſen; Wieſenland in Bremen. Auf den Hectar wurden am meiſten geerntet: Weizen in Anhalt, Braunſchweig und Sachſen; Roggen in Anhalt, Braunſchweig und Sachſen; Gerſte in Braunſchweig, Mecklenburg und Preußen; Hafer in Braunſchweig, Anhalt und Preußen; Buchweizen in Hamburg und Bremen; Erbſen in Anhalt, Sachſen und Baden; Kartoffeln in Anhalt, Braunſchweig und Sachſen; Wieſenheu in Bayern, Baden und Elſaß-Lothringen. Mit Rückſicht darauf, daß neben Lübeck, Bremen und Hamburg die Durchſchnittserträge auch für den Großſtaat Preußen unter denſelben Vorausſetzungen berechnet worden ſind, ſo iſt in den vorſtehenden Zahlen der Beweis geliefert, daß in dieſem Staat die Landwirthſchaft ſich offenbar einer ausgezeichneten Pflege zu erfreuen hat.

Zur Feſtſtellung des mittleren Ertrages einer Normalernte würde es ſich empfehlen, die Erträge des Domanial- und des Ruſticalbeſitzes geſondert aufzunehmen. Denn es liegt offenbar im Intereſſe des deutſchen Reiches, den Urſachen der geringeren Ernteerträge in den einzelnen Bundesſtaaten nachzuforſchen, wo ſie hinter den Durchſchnittserträgen des deutſchen Reiches zurückgeblieben ſind, ſondern daſelbſt auch landwirthſchaftliche Cultur- und Beſitzverhältniſſe anzuſtreben, welche die höchſtmöglichſte Production von Körnerfrüchten und Futterpflanzen geſtatten. — Man darf wohl annehmen, daß Elſaß-Lothringen nächſt dem Großherzogthum Baden in klimatiſcher

Beziehung das fruchtbarste Land im deutschen Reiche ist und dürfte es daher im Hinblick auf die verschiedenen Zahlen von Nutzen sein, den daselbst bestehenden landwirthschaftlichen Culturverhältnissen etwas näher zu treten.

Der Gesammtflächeninhalt dieses Landes umfaßt 1450810 Hectaren, welche sich je nach dem Kataster wie folgt vertheilen:

1. Acker= und Gartenland.. 687296,01 Hect.
2. Wiesen ....176176,30 „
3. Weideland ...,........ 30831,48 „
4. Weinberge .... 32408,91 „
5. Forstland ....443864,10 „
6. Oedland .... 23477,65 „
7. Wege und Straßen .... 29223,14 „
8. Haus= und Hofräume .. 8817,50 „
9. Gewässer .... 18714,91 „

Zusammen: 1450810,0 Hect.

Der landwirthschaftlichen Cultur sind also bei Zusammenfassung der unter 1—4 angegebenen Ziffern allein 63,87 % des gesammten Flächeninhaltes des Landes gewidmet. Nach einer im Jahre 1866 erfolgten statistischen Aufnahme der Gesammtbevölkerung, welche damals 1,559526 Seelen der Departements Ober= und Nieder=rhein, Meurthe und Mosel betrug, beschäftigten sich 692560 Personen = 44,41 % mit Ackerbau und Viehzucht.

Ob die gleichen Verhältnisse heute noch vorliegen, läßt sich nicht mit Bestimmtheit angeben, indessen sind erhebliche Aenderungen kaum anzunehmen.

Ueber Zahl und Umfang der landwirthschaftlichen Güter in Elsaß=Lothringen liegen nur Daten aus dem Jahre 1873 vor, auf Grund der für Zwecke des internationalen statistischen Congresses seiner Zeit gepflogenen Erhebungen. Die Resultate derselben ergeben folgende in der Gemeinde=Zeitung für Elsaß=Lothringen pro 1880 veröffentlichte Uebersicht:

Bezirke:	Es waren vorhanden landw. Güter im Umfange von:							
	0 bis unter 1 ha	1 bis unter 5 ha	5 bis unter 10 ha	10 bis unter 20 ha	20 bis unter 50 ha	50 bis unter 100 ha	100 ha und barüber	Zusammen.
Ober-Elsaß .	50 286	20 429	6 294	2 423	860	163	74	80 529
Unter-Elsaß .	56 720	36 221	9 356	2 541	572	101	44	105 555
Lothringen..	74 154	33 219	9 690	3 972	1 769	775	326	123 905
Elsaß-Lothr.	181 160	89 869	25 340	8 936	3 201	1 039	444	309 989
in Procenten:								
Ober-Elsaß .	62,44	25,37	7,82	3,01	1,07	0,20	0,09	100
Unter-Elsaß .	53,74	34,31	8,86	2,41	0,54	0,10	0,04	100
Lothringen..	59,85	26,81	7,82	3,21	1,43	0,62	0,26	100
Elsaß-Lothr.	58,44	28,99	8,18	2,88	1,03	0,34	0,14	100

Es sind also damals gezählt worden 309 989 landwirthschaftliche Güter resp. Besitzungen, von welchen 25,98 % auf den Bezirk Ober-Elsaß, 34,05 % auf Unter-Elsaß, 39,47 % auf den Bezirk Lothringen entfallen. Größere Besitzungen (über je 100 Hektaren) finden sich namentlich im Bezirke Lothringen, eben daselbst auch die relativ größte Zahl der Besitzungen mit 0 bis unter 1 Hectar Umfang. Nach dem Gesammtflächeninhalte der einzelnen Bezirke berechnet würde daher eine landw. Besitzung treffen auf durchschnittlich 4,35 Hectaren im Ober-Elsaß, 4,52 Hectaren im Unter-Elsaß, 5,03 Hectaren in Lothringen. Im Jahre 1866 (enquête agricole) wurde für das Departement Niederrhein ermittelt, daß die Landwirthschaftsbetriebe mit je weniger als 4 Hectaren 70 %, die Betriebe mit 4—7 Hectaren 25 % der Gesammtzahl ausmachen und nur 5 % auf Betriebe mit mehr als 7 Hectaren entfallen. Aehnliche Resultate ergeben sich aus der vorstehenden Uebersicht, wenn dieselbe sich auch in einer hievon abweichenden Scala bewegt.

Dieser großen Parzellirung des Landes entsprechen jedoch noch nicht die viehbesitzenden Haushaltungen pro □Kilometer und der Zahl des Viehstandes, welche die Nachbarstaaten auf zuweisen haben. Denn es fallen auf den □Kilometer:

In Würtemberg ...11,93 viehbes. Haush. und 56,7 Stck. Großvieh

  „ Baden........12,34   „   „ 49,3   „   „

  „ Hessen........ 9,56   „   „ 48,8   „   „

  „ Elsaß-Lothringen 9,49   „   „ 45,7   „   „

Diese Daten sollen nur nachweisen, daß, abgesehen von der rationellen Bearbeitung des Bodens, vor allen Dingen auch der erforderliche Dünger fehlt, um ähnliche Ernte=Resultate erzielen zu können, als man sich in den klimatisch gleichgünstigen Nachbarstaaten zu erfreuen hat, obgleich dieselben auch ihrerseits, wie die vorstehende Ernte=Tabelle pro 1878 ergiebt, sämmtlich hinter den Ernteergebnissen zurückstehen, welche man in den Norddeutschen Großwirthschaften zu machen gewöhnt ist.

Es ist ein noch ziemlich verbreiteter Irrthum: daß durch die größere Parzellirung dem Boden mehr an Sachgütern abgewonnen werden, als durch den Betrieb der Großwirthschaften, diese Annahme paßt nur auf das Ergebniß einer größeren Rente durch den Anbau von Gemüsen und Handelsgewächsen, und zwar auch nur dann, wenn die allersorgsamste Pflege darauf verwendet wird; im Anbau von Körnerfrüchten findet in Folge meist mangelhafter Ackerbestellung in den kleineren Wirthschaften thatsächlich das Gegentheil statt. Bei der Massen=Production von Körnerfrüchten und Knollengewächsen handelt es sich um eine möglichst rationelle Bearbeitung und Pflege der Feldfluren, Drainage, Tiefkultur und Düngerwirthschaft, kurz gesagt, um einen mehr wissenschaftlichen Betrieb der Landwirthschaft, ähnlich dem vorgeschrittenen Standpunkte, welchen der Fabrikbetrieb in Bezug auf Massenproduction dem Kleingewerbe gegenüber einnimmt.

Nur um einen Beweis zu liefern, entnehme ich aus Nr. 22 des „Landwirth" pro 1882, einer Verhandlung des Central=Collegiums der landwirthschaftlichen Vereine der Provinz Schlesien folgende Mittheilung: Im Neustädter Kreise wurden nach Angabe der Besitzer im Jahre 1880 pro Hectar geerntet: Auf

	Dominial=Gütern	Rustikal=Gütern
Weizen....	18,07 Hectl.	10,00 Hectl.
Roggen ...	14,23 „	9,28 „
Gerste	16,00 „	10,00 „
Hafer.....	14,96 „	9,50 „
Kartoffeln .	280 Ctr.	160 Ctr.
Zuckerrüben	400 „	320 „

Diese Zahlen wurden zur Feststellung des Ertrages einer Mittel=

ernte abgegeben, und wenn sie auch im Einzelnen anfechtbar sind,
so dürfte die Thatsache doch richtig sein, daß die Ernte des Groß=
grundbesitzes durchschnittlich um 30 Procent besser war, als diejenige
des Kleinbesitzes.

Nehmen wir den Fall an, daß im Jahre 1878 in Elsaß=
Lothringen in Folge einer verbesserten Cultur auch nur um 50 %
in Centnern und Körnern mehr geerntet worden wäre, also z. B.
so viel, als man in Preußen durchschnittlich pro Hectar geerntet hat,
so würden mit Rücksicht darauf, daß in Procenten von der Ge=
sammtfläche des Landes angebaut worden sind:

$$
\begin{array}{llll}
13{,}^{26}\% & \text{mit Weizen} & = & 6\,114\,504 \text{ Ctr.} \\
2{,}^{80}\% & \text{„ Roggen} & = & 1\,125\,257 \text{ „} \\
7{,}^{33}\% & \text{„ Gerste} & = & 1\,900\,836 \text{ „} \\
0{,}^{21}\% & \text{„ Erbsen} & = & 83\,895 \text{ „}
\end{array}
$$

Zusammmen: 9 224 492 Ctr.

oder 461 224 600 Kgr. Körnerfrüchte, statt (wie nach der Statistik
angenommen wird,) 307 483 066 Kgr., geerntet worden sein.

Nach den Berechnungen des Dr. Reuning in Leipzig, in seiner
Schrift „Mittel und Wege zur Fördernng der sächsischen
Landwirthschaft, 1873" sind für den jährlichen menschlichen
Bedarf an Körnerfrüchten 230 Kgr. (Weizen, Roggen, Gerste
und Erbsen) pro Kopf zu rechnen. Hiernach stellten sich in
den einzelnen deutschen Staaten die Dinge sehr verschieden. So
hatten nach der vorstehenden Ernte=Satistik des deutschen Reiches
pro 1878: Mecklenburg=Schwerin einen Ueberschuß für 427
Tage, Mecklenburg=Strelitz für 401, Anhalt für 298, Braunschweig
für 155, Waldeck für 149, Schwarzburg=Sonderhausen für 122,
Sachsen=Altenburg für 69, Preußen für 61, Sachsen=Weimar für
43 und Bayern für 18 Tage. Dagegen überstieg der Con=
sumtionsbedarf das Productionsquantum in den übrigen
Staaten, so daß durch Zufuhr zu decken blieb der Bedarf für
345 Tage in Hamburg, für 342 Tage in Bremen, für 235 Tage
in Lübeck, für 208 Tage in Reuß ä. L., für 148 Tage in Baden,
für 138 Tage in Sachsen=Meiningen, für 137 Tage in Sachsen,
für nebe soviel Tage in Reuß j. L., für 138 Tage in Würtemberg,

für 74 Tage in Hessen, für 70 Tage in Elsaß=Lothringen, für 41 Tage in Schwarzburg=Rudolstadt und für 15 Tage in Sachsen=Coburg=Gotha.

Im Allgemeinen war nun die Ernte des Jahres 1878 in Deutschland, abgesehen von Elsaß=Lothringen und Großherzogthum Baden, eine gute, denn sie deckte nicht nur den Bedarf, sondern gewährte noch einen Ueberschuß für 19 Tage. Diese Dinge ge= winnen jedoch ein viel ungünstigeres Ansehen, wenn die Ernten, wie z. B. im Jahre 1879, minder reichlich ausfallen, der Saat= bedarf bleibt nahezu derselbe, gleichviel ob die Ernte gut oder schlecht war; er richtet sich nach der angebauten Fläche. Um so weniger bleibt für die Menschen und Thiere übrig.

Im deutschen Reiche (excl. Lippe) wurden im Jahre 1878 überhaupt angebaut und geerntet:

nach vorläufigen Ermittelungen ohne Berücksichtigung der Mischfrucht.	Angebaut. Hekt.	Auf 1 Hekt. ge= erntet. Ctr.	Die Gesammt= Erntemenge betrug. Ctr.	Die Anbau= fläche betrug % der Ge= sammt= fläche.	Bemerkungen.
Weizen und Spelz ..	2 200 227	29,1	63 962 972	4,08	Die Ge=
Roggen	5 925 675	24,6	147 302 014	11,00	sammtfläche
Gerste	1 617 818	30,1	48 709 289	3,00	des
Hafer	3 736 168	29,1	108 551 686	6,94	deutschen
Buchweizen	245 430	20,7	5 079 677	0,55	Reiches
Erbsen	373 617	23,2	10 966 831	0,88	beträgt
Kartoffeln	740 462	177,8	487 339 728	5,09	53 862 367
Wiesenheu	861 361	87,5	512 653 800	10,88	Hektare.

Dieser ergiebt an Körnerfrüchten:

<pre>
    Weizen und Spelz .... 3 314 180 400 Kgr.
    Roggen .... 7 421 875 650   „
    Gerste .... 3 479 249 050   „
    Erbsen (ohne Baiern) ...   530 237 450   „
                Zusammen....13 745 542 550 Kgr.
</pre>

Zieht man von der gesammten Körnerproduction obiger Früchte durchschnittlich 15 % für Aussaat und 10 % zur Fütterung der

Hausthiere ab, so blieben also im Erntejahr 1878/79, das be=
kanntlich ein sehr gesegnetes war, 10 309 156 913 Kgr. für menſch=
liche Nahrung übrig.

Legen wir den Berechnungsmodus des Dr. Reuning, also pro
Jahr und Perſon den Bedarf von 230 Kgr. an Körnerfrüchten,
einer Berechnung des Bedarfs der Bevölkerung von Elſaß=Lothringen
zum Grunde, ſo ergeben ſich, wenn der Ertrag pro Hectar, wie
oben angenommen worden, um 50 %, also auf 461 224 660 Kgr.
geſteigert werden kann, folgende Zahlen:

Elſaß=Lothringen hatte nach der letzten Zählung 1 517 494 Ein=
wohner, bedurfte daher nur 349 023 620 Kgr. an Körnerfrüchten,
es würden also nach obiger Berechnung noch 112 200 980 Kgr.
oder rund 25 % der Geſammternte für Ausſaat und Fütterung
der Hausthiere zur Verfügung geblieben ſein, d. h. genau ſo viel,
als Dr. Reuning für dieſen Bedarf berechnet. Elſaß=Lothringen
hat aber im Jahre 1878/79 für 70 Tage an Körnerfrüchten, also
66 976 030 Kgr., vom Ausland kaufen müſſen. Berechnen wir den
Preis eines Kilogramm Getreide durchſchnittlich mit 20 Pfennige,
ſo ergiebt dieſes die Summe von 13 387 206 Mk., welche Elſaß=
Lothringen zur Ausgleichung ſeiner Ernährungsbilance
durch Ankauf von Körnerfrüchten an das Ausland zahlen
mußte.

Im Hinblick auf dieſe Zahlen rechtfertigt ſich also ſchon ein
recht bedeutender Einſatz in den landwirthſchaftlichen Etat des
des Staates, wenn das Wiſſen und Können der Landwirthe dadurch
vermehrt oder die Geſammtproduction verbeſſert werden kann.

Wie abhängig namentlich in den großen Flußniederungen der
allgemeine Ausfall der Ernten von der Summe der das Wachsthum
der Pflanzen beeinfluſſenden Wärme und Regenmenge und dem
damit im Zuſammenhange ſtehenden Stand des Grundwaſſers unter
der Erdoberfläche iſt, das zeigt folgende von mir gemachte
Beobachtung.

In den für das Elſaß gleichmäßig fruchtbaren Jahren
1874 und 1875 ergaben ſich während der Vegetationsperiode, also
in den Monaten April, Mai, Juni, Juli und Auguſt, auf der
meteorologiſchen Station der Univerſität zu Straßburg:

a. die mittleren Grundwasser-Coten:

    1874 = 135,92 mm

    1875 = 135,94 „

b. die gefallenen Regenmengen:

    1874 = 410 Meter über Meeresspiegel

    1875 = 435   „   „   „

c. die mittlere Wärmemenge:

    1874 = 16,09 C. Gr.

    1875 = 16,58 „ „

Diese Zahlen sind sehr belehrend, denn sie weisen darauf hin, daß man agronomisch mit Bezug auf den Culturwerth die Niederungsböden nicht blos nach ihrem geologischen Bestande, sondern ganz wesentlich auch mit Bezug auf die Grundfeuchtigkeit derselben zu beurtheilen hat. Durch die bildliche Darstellung der Profile, wie sie bekanntlich von Professor Dr. Orth angestrebt werden, soll die wirkliche Kenntniß und das Verständniß der Grundlagen der Landescultur, sowohl für die einzelnen Feldfluren, wie für den ganzen Staat ermittelt werden.

Obwohl nun die obigen Zahlen in den betreffenden Jahrgängen wenig verschieden von einander sind, und beide Jahre als fruchtbare bezeichnet werden können, so sind im Jahre 1875, während der gesammten Vegetationszeit, sowohl die Regen- und Wärmemenge größer, als auch der allgemeine Stand des Grundwassers höher gewesen als im Jahre 1874, und doch war im letzteren Jahre die Ernte noch besser, als im Jahre 1875. Diese Thatsache findet ihre natürliche Erklärung in der verschiedenen Vertheilung der Wärmemenge in den einzelnen Monaten der Vegetationsperiode. Während nämlich die mittlere Wärme der Monate März und April im Jahre 1874 = 10,96 C. Gr. ist, beträgt sie im Jahre 1875 nur 6,69 C. Gr. — Einen sehr wesentlichen Einfluß auf die normale Entwickelung der Getreidepflanzen haben jedoch in Deutschland die Monate Mai und Juni, und während demnach die mittlere Wärme derselben 1874 bei 141,8 mm Regen = 14,11 C. Gr. beträgt, ist sie 1875 bei 166,9 mm Regen = 17,61 C. Gr. Diese größere Wärmemenge hatte daher im letzteren Jahre an vielen Orten frühreife und mangelhafte Halm= und Körnerbildung bewirkt. Dahingegen war die mittlere Wärme der Monate September und October 1874 = 14,41 C. Gr., während sie 1875 nur 12,63 C. Gr. betrug. Die bessere Weinernte (1874) in Bezug auf Qualität findet hierin ihre sehr natürliche Erklärung.

Eine wirkliche Mißernte hatte das Elsaß wohl noch niemals zu beklagen, aber die Ernten der Jahre 1878 und 1879, wo nur im letzteren Jahre der Wein total mißrathen war, konnten doch nur, mit Rücksicht auf die Normalernte des Jahres 1874, als gute Mittelernten bezeichnet worden. Die Beobachtungen auf der meteorologischen Station zu Straßburg geben hierzu folgende Daten.

Während der Vegetationsperiode ergaben sich:

    a. die mittleren Grundwasser=Coten:

      1878 = 136,38 Meter über dem Meeresspiegel,
      1879 = 136,30   "   "   "   "

    b. die gefallenen Regenmengen:

        1878 = 590,33 mm
        1879 = 522,75   "

    c. die mittlere Wärmemenge:

        1878 = 15,97 C. Gr.
        1879 = 14,99   "

Vergleichen wir wir diese Zahlen mit denen der Jahre 1874 und 1875, so finden wir, daß während der Vegetationszeit in den Jahren 1878 und 1879 durchschnittlich:

    1. das Grundwasser um 40 cm höher steht,

    2. 130 mm Regen mehr gefallen und

    3. 1,80 C. Gr. Wärme pro Tag weniger waren.

Es waren also kalte und zugleich nasse Jahre, in welchen bessere Ernteresultate nur dort erwartet werden konnten, wo man mit Hilfe der Drainage, überhaupt rechtzeitiger Entwässerung und Luftzuführung, dem Boden ein größeres Quantum von Wärme zuführen konnte.

Es bleibt hiernach keinem Zweifel unterworfen, daß es jedem Landwirth, welcher neben seinen sonstigen Arbeiten gleichzeitig meteorologische Beobachtungen macht, und hierbei die Erfahrungen anwendet, welche die Wissenschaft über das Maß von Wärme und Feuchtigkeit, welche zur Keimung, Halmbildung und Blüthe nöthig sind, mit Rücksicht auf die physikalische und geognostische Beschaffenheit seines Bodens ermittelt hat, schon im Monat Juli den Durchschnitts-Ertrag seiner Ernte an Körnerfrüchten ziemlich genau vorausbestimmen kann. Es soll diese Thatsache wieder an die große Wichtigkeit der staatlichen Organisation eines allgemeinen meteorologischen Wetterdienstes und das Studium der Witterungslehre, als obligaten Lehrgegenstand in den Lehrerseminarien erinnern.

Dividirt man für ganze Niederungs-Districte mit dem mittleren Wärmefactor der Vegetationszeit in die Regenmenge und mit dem Resultat in die Grundwassercote, so erhalten wir mit Benutzung der obigen Zahlen, vom Jahre 1874, also dem Jahre, welches eine volle Ernte brachte, für die Rheinniederung und Umgebung von Straßburg die Zahl 53,³. Setzt man für dieselbe die Zahl 100 ein, so ergeben sich die erzielten Ernten nach dem Normaljahre (1874) in Prozenten für diesen Theil von Deutschland wie folgt:

$$1874 = 100 \ \%$$
$$1875 = \ 97{,}^{37} \ _{,,}$$
$$1878 = \ 69{,}^{28} \ _{,,}$$
$$1879 = \ 73{,}^{17} \ _{,,}$$

Diese Zahlen dürften der Wahrheit ziemlich nahe kommen, sie sollen indeß nur beweisen, daß man mit Hilfe eines guten meteorologischen Beobachtungsnetzes und einer nach Probestücken in jeder Gemarkung ausgeführten vielleicht zehnjährigen Erntestatistik, schon im Monat Juli das Resultat der Gesammternte eines Landes, auf Grund richtiger Karten und Bonitirungen, ziemlich genau voraus berechnen kann.

Aber diese Zahlen gewähren auch für die Förderung der allgemeinen Landescultur sehr wichtige Anhaltspunkte, wie folgende Tabelle ergiebt:

Es verhält sich in den vorstehend genannten Jahrgängen während der Vegetationszeit die mittlere Wärme zur Regenmenge in den einzelnen Monaten wie folgt:

Monate	Gute Ernten		Mittlere Ernten	
	1874	1875	1878	1879
April	1 : 2,25	1 : 2,01	1 : 10,57	1 : 11,55
Mai	1 : 5,45	1 : 3,29	1 : 6,85	1 : 8,25
Juni	1 : 4,85	1 : 5,95	1 : 7,93	1 : 5,97
Juli	1 : 6,72	1 : 7,15	1 : 7,49	1 : 6,61
August	1 : 6,74	1 : 4,62	1 : 5,44	1 : 5,70

Diese Tabelle ergiebt, daß in beiden fruchtbaren Jahren 1874 und 1875 im Monat April die mittlere Wärme zur Regenmenge sich rund wie 1 : 2 und in den beiden letzteren Jahren sich rund wie 1 : 11 verhält. Ferner, daß in dem Normaljahre 1874 während der Vegetationszeit die Wärme mit der Regenmenge ziemlich gleichmäßig in den Vegetationsmonaten zunimmt. Es bleibt hiernach keinem Zweifel unterworfen, daß durch eine gute Flußregulirung, also Organisation des Wasserdienstes für die weder schiff noch flößbaren Bäche und eine, nöthigenfalls mit Zwangsgesetz durchgeführte Drainage, wo die Feldfluren unter Druckwasser leiden, die Resultate der Ernten auch in sogenannten nassen Jahren um vieles verbessert werden können, wenn die Felder im Monat April rechtzeitig entwässert werden.

Das geflügelte Wort von Knauer: „Drainiren oder Hungern", welches derselbe mit Bezug auf die Hungerkalamität in Ostpreußen schrieb, findet in diesem Falle seine große Berechtigung.

Diesen praktischen Erwägungen schließe ich einige Mittheilungen über die neuesten wissenschaftlichen Studien auf dem Gebiete der Witterungskunde an, welche von Marié-Davy auf dem Observatorium von Montsouris gemacht worden sind, und welche in Verbindung mit dem vorstehend Gesagten, über die Aufstellung eines Systems zur Feststellug des Begriffs einer Mittelernte auf Grund eines Normalerntejahres sehr geeignet erscheinen. Aus den für das Jahr 1880 veröffentlichten Arbeiten dieses Instituts sind nachfolgende Mittheilungen von großem Interesse. Es heißt darin: Die Pflanzen sind wie die Thiere mit kaltem Blute: Die Lebensthätigkeit vermehrt sich mit der Temperatur. Die Cultur des Getreides erfordert, wie diejenige des Seidenwurmes, um so kürzere Zeit, je höher die Temperatur ist. Boussingault behauptete, daß das Getreide, um zur Reife zu kommen, so viele Tage erfordert, daß die Summen der mittleren Temperatur aller dieser Tage ein Totale von 1900 bis 2000 Grad ausmache.

Dieses Gesetz, welches sich nur als sehr unsicher erweist, wenn man zum Temperatur-Anzeiger einen in den Schatten unter Dach gestellten Thermometer nimmt, bewahrheitet sich nach den langjährigen Beobachtungen von Marié-Davy in exacterer Weise, wenn man statt des Thermometers im Schatten den Wärmemesser im Sonnenlicht und ohne Bedachung aufstellt. — Eine bestimmte Zahl kann jedoch immer nur für eine bestimmte Getreideart gelten. Das weiche Korn Norwegens erfordert z. B. fast ein Drittel weniger Wärme, als das harte Korn Afrika's. Nach dem Gange der Temperaturen eines und desselben Ortes kann man immerhin das Datum der Blüthe und das Datum der Ernte für diesen Ort voraussehen. Ueber diesen Punkt sind die Landwirthe nach bereits gemachten Erfahrungen selten im Irrthum, sondern weit häufiger täuschen sie sich über die Qualität des Halmes und des Kornes. Dabei ist es aber nicht mehr die Wärme allein, sondern auch das Licht, welches intervenirt. Marié-Davy hat ein Instrument, welches er unter den zahlreichen von Arago in dem Pariser Observatorium zurückgelassenen Geräthen und Modellen fand, wieder hergestellt und zu regelmäßiger Beobachtung eingerichtet: es ist dies das Actinometer; es dient dazu, zu jeder Tagesstunde die Summe aller Strahlen zu messen, welche Sonne, Himmel oder Wolken auf das Instrument herabsenden. Er hat es sogar in einen Apparat umgeformt, der selbstthätig und continuirlich, wie z. B. der Limnigraph bei den Wassermessungen und das selbstthätige Barometer den Druck der Luft, die Beleuchtung des Himmels registrirt. Die Summe der von jeder Pflanze assimilirten und in ihren Geweben aufgehäuften Stoffe steht in directer Beziehung zu der Summe des von ihr empfangenen Lichtes. Wenn diese Summe zur Zeit der Blüthe des Getreides hoch ist, so wird die Pflanze reichliche Nahrung zur Bildung des Korns in sich aufgehäuft haben und trotz aller Wechselfälle im Wetter zwischen Blüthe und Reife kann man schon in ziemlich sicherer Weise voraussagen, daß das Korn gut und schwer sein wird. Diese durch die Physiologie aufgedeckte Beziehung hat sich schon im Laufe siebenjähriger Beobachtungen und Experimente gut bewahrheitet und seit mehreren Jahren ist sie bereits in die Praxis eingetreten, indem große französische Getreidehändler Nutzen davon zogen. Der Land- und Volkswirthschaft wird also in dem Actinometer von Seiten der Wissenschaft ein ausgezeichnetes Mittel geboten, um namentlich auch den seither sehr willkürlichen Begriff einer Mittelernte für alle Gemeinden eines Staates in ziemlich sicheren Zahlen feststellen zu können. In den Jahren 1875 und 1876 fand man z. B. in Frankreich einen sehr hohen actinometrischen Grad. Er betrug zur Blüthezeit am 13. und 19. Juli etwa 4600. Die Körner erwiesen sich bei der Ernte von sehr guter Qualität. Im Jahre 1877 war trotz sehr schönen Aussehens der Culturen am Blüthetage, den 15. Juni, die Summe der actinometrischen Grade erst auf 4075 gestiegen.

Die Cerealien-Ernte war sehr mittelmäßig. Im Jahre 1878 war das Ansehen vielleicht noch besser als im Vorjahre, aber am 10. Juni, zum Blüthen-Datum, belief sich die actinometrische Summe nur auf 3660 und die Ernte konnte von diesem Momente an als eine schlechte und von schlechter Qualität betrachtet werden.

Im Hinblick auf die vorstehenden geringen Ernteergebnisse in Elsaß-Lothringen pro 1878 dürfte es am Platze sein, darauf hinzuweisen, daß Baden, die Pfalz und Elsaß-Lothringen noch in die sogenannte atlantische Zone fallen, also in klimatischer Beziehung mehr zu Frankreich als zu Deutschland gehören, und finden somit die in diesen Ländern nur mittelmäßigen Getreide-Ernten des genannten Jahres in dieser Thatsache wenigstens zum Theil ihre sehr natürliche Erklärung. — Im Jahre 1879 sah man in Frankreich der Ernte mit lebhafter Unruhe entgegen, hauptsächlich weil es an Wärme gefehlt hatte; indeß war es gerade der Mangel an Wärme, der den Mangel an Licht ausglich. Die Blüthezeit wurde vom 10. bis 21. Juni aufgehalten, und Dank dieser Verzögerung konnte die Summe der actinometrischen Grade die Ziffer 4063 erreichen, also ähnlich wie im Jahre 1877. Marié Davy konnte ankündigen, daß die Ernte weniger schlecht sein würde, als man in

Nordfrankreich befürchtete. — Im Elsaß war die Ernte des Jahres 1879 thatsächlich ebenfalls um ein geringes besser als im Jahre 1878, wie dies auch die vorstehenden von mir auf Grund der Normalernte des Jahres 1874 ermittelten Procentzahlen ergeben. — In der Grafschaft Avignon erhob sich die Summe der actinometrischen Grade auf 4800; Anzeichen einer vorzüglichen Ernte, die dann auch eintraf. — Im Ganzen war die Ernte von 1879 in Frankreich, ohne irgend reichlich zu sein, von guter Qualität. Unglücklicher Weise setzte sich jedoch die Verzögerung der Vegetation auch im Spätjahr fort, so daß z. B. der Wein, der gewöhnlich erst an der Grenze der ersten Fröste reift, die verlorene Zeit nicht mehr einholen konnte. — So war es 1879 auch im Elsaß, bei erträglicher und besserer Getreideernte als 1878, eine total mißrathene Weinernte.

Mit Hilfe der Wissenschaft, welche alle Probleme zu lösen hat, werden wir also durch das eingehende Studium der Witterungslehre dahin gelangen, mit der Zeit in jeder Gemeinde schon Mitte Juli den Ausfall unserer Getreideernten in ziemlich sicheren Procentzahlen vorauszubestimmen.

Es tritt somit an die Staatsregierungen theils im Interesse der Sicherstellung unserer Ernten, theils zur sicheren Ermittelung des Procentsatzes der Jahresernten, die Pflicht heran, Hand in Hand mit der Wissenschaft und den Vertretern der Landwirthschaft „die Organisation des meteorologischen Wetter=Dienstes in einer so umfassenden Weise im Umfang des deutschen Vaterlandes zu organisiren, daß mit Hilfe der Lehrer= Seminarien mit der Zeit in jeder Ortsgemeinde ein Mann sich findet, welcher als ausführendes Organ einer Centralstelle, die Witterungskunde in der Landwirthschaft und somit im allgemeinen Staatsinteresse volksthümlich zu machen versteht.“

Diese allgemeine Studie über die Resultate der Jahresernten in den einzelnen deutschen Ländern und die damit in Beziehung stehenden culturlichen und klimatischen Bedingungen, dürfte ergeben, daß wir mit Hilfe einer besseren Sammlung, Vertheilung und Benutzung des Wassers und Förderung der Witterungslehre, unsere

Production an Fleisch und Brodgetreide noch sehr bedeutend ver=
mehren können; in jedem Fall es in der Hand haben uns in diesem
Punkte auch ohne Vermehrung des Acker= und Wiesenlandes, selbst
im Hinblick auf die sich rapid vermehrende Bevölkerung, namentlich
auch durch eine verbesserte innere Colonisation, noch lange frei und
unabhängig vom Ausland zu machen. —

Es ist sehr interessant und zugleich belehrend im Anschluß an
die vorstehende Betrachtung auch einen Blick in die Bewegung des
Welthandels zu werfen, welcher sich auf die nothwendigsten Lebens=
bedürfnisse bezieht, sei es auch nur, um zu wissen, welchen Stand=
punkt das deutsche Reich den anderen Ländern gegenüber in Bezug
seiner Consumtions= und Productionsfähigkeit gegenwärtig einnimmt.
Ich benutze hierzu eine schöne Arbeit von Professor Dr. Krämer in
Zürich über „die gegenwärtige Bewegung des Handels in Erzeug=
nissen des Getreidebaues und der Viehhaltung in ihrem Einflusse
auf den Betrieb der Landwirthschaft.“*) — Das dieser Arbeit zum
Grunde liegende Zahlen=Material ist den Specialstudien von Werner,
Koll, Neumann=Spallart, Erdt und Dr. Staring ent=
nommen, dasselbe erstreckt sich nicht auf gleiche und nicht sehr aus=
gedehnte Zeiträume. Die statistischen Nachweise lassen in diesem
Punkte noch vieles zu wünschen übrig. Gleichwohl mögen die nach=
folgenden Ziffern wenigstens ein annäherndes Bild von der wirth=
schaftlichen Bewegung der Zeit darzubieten.

Der Einfachheit wegen ist in dieser Berechnung nur der
„Ueberschuß“ der Aus= und Einfuhr, d. h. der Mehrertrag, in
Rechnung gezogen worden, welchen die einzelnen Länder an Einfuhr,
beziehungsweise Ausfuhr seit einer Reihe von 10 bis 20 Jahren
an Getreide und Fleisch in Millionen Centnern pro Jahr im
Durchschnitt gehabt haben.

---

*) „Beiträge zur Wirthschaftslehre des Landbaues“ von Prof.
Dr. A. Krämer. Aarau bei J. J. Christen 1881.

I. Mehlhaltige Körnerfrüchte.

A. Importländer.

1. Großbritannien und Irland . . .	92	M.	Ctr.
2. Deutschland	20	„	„
3. Frankreich	10	„	„
4. Belgien	8	„	„
5. Niederlande	6	„	„
6. Schweiz	5,5	„	„
7. Italien	5,0	„	„
8. Schweden und Norwegen . . .	2,0	„	„
9. Griechenland	1,0	„	„
10. Portugal	0,5	„	„

Zusammen 150 M. Ctr.

B. Exportländer.

1. Rußland	60	M.	Ctr.
2. Nord-Amerika	56	„	„
3. Türkei und Donaufürstenthümer .	12	„	„
4. Oesterreich-Ungarn	10	„	„
5. Dänemark	2,5	„	„
6. Spanien	0,5	„	„
7. Südamerika, Australien, Tunis, Egypten und Vorder-Asien, zusam.	9,0	„	„

Zusammen 150 M. Ctr.

II. Erzeugnisse der Viehhaltung.
(Nach den Ergebnissen des Fleischmarktes.)

A. Importländer.

1. Großbritannien und Irland . . .	6,5	M.	Ctr.
2. Frankreich	2,3	„	„
3. Schweiz	0,5	„	„
4. Oesterreich-Ungarn	0,5	„	„
5. Belgien	0,2	„	„

Zusammen 10 M. Ctr.

B. Exportländer.

1. Nord-Amerika , ... 5,0 M. Ctr.
2. Rußland und die Donauländer . 2,0 „ „
3. Italien . . . . 0,8 „ „
4. Dänemark . . . . 0,8 „ „
5. Niederlande . . . . 0,6 „ „
6. Australien . . . . 0,4 „ „
7. Deutschland . . . . 0,2 „ „
8. Schweden, Norwegen, Spanien, Por=
tugal . . . . 0,2 „ „

Zusammen 10 M. Ctr.

Die speciellen Zahlen, welche sich auf die Jahre 1866 bis 1877 beziehen, ergeben, daß Deutschland in Bezug auf den Bedarf von Körnerfrüchten, seine ehemalige Exportfähigkeit sehr schnell ein= gebüßt hat. Denn wurden im Jahre 1866 noch 8 826 500 Centner ausgeführt, so wurden bereits im Jahre 1877 zusammen 39 318 000 Centner, d. i. im Durchschnitt der dazwischen liegenden 10 Jahre pro Jahr 20 Millionen Centner Getreide rc. eingeführt.

Berechnen wir den Centner mit 10 Mark, so war ein jährlicher Kostenaufwand von rund 200 Millionen Mark hierzu erforderlich.

Günstiger ist Deutschland mit Bezug auf den Fleischmarkt gestellt, wo wir seit dem Jahre 1860 bis zum Jahre 1878 that= sächlich zu den exportirenden Staaten gehören. — Diese Zahlen haben jedoch in sofern eine relative Bedeutung, als es für die Förderung der Productionskraft des deutschen Volkes entschieden zweckmäßiger gewesen wäre, wenn diese ausgeführten Fleischmassen in Deutschland verzehrt worden wären.

Faßt man den Bedarf an Getreide und Fleisch im Allge= meinen im Auge, so fällt vor Allem die eminente Consumtions= kraft des britischen Reiches auf, welches nahezu 65 % der Ueberschüsse aller übrigen Länder in Anspruch nimmt. Diese Er= scheinung gründet sich auf die seither alles beherrschende Productions= fähigkeit dieses Landes auf industriellen Gebieten und die hervor= ragende Stellung, welche England seit hundert Jahren im Welt= marktverkehr überhaupt einnimmt. Dieser großen Productions=

fähigkeit entspricht also nur der großen Consumtionsfähigkeit, welche letztere, auf die einzelnen Arbeiter übertragen, sich auch darin documentirt, daß der englische Arbeiter doppelt so viel Fleisch und Bier consumirt, wie der deutsche Arbeiter und daß 2 englische Arbeiter, nach den von Moleschott und Karl Grab gemachten Beobachtungen, in einer gegebenen Zeit eben soviel zu leisten vermögen, als 3 deutsche Arbeiter.

Die rapide Verminderung der Getreideproduction in den deutschen Ländern seit dem Jahre 1866 steht offenbar mit der neuen politischen und wirthschaftlichen Gestaltung des deutschen Reiches, welche letztere einen Aufschwung der gesammten Nation, aber auch einen übermäßig gesteigerten industriellen Betrieb in's Leben rief, in einem directen Zusammenhange. Die nationale Bewegung auf industriellem Gebiete hatte wieder eine rapide Steigerung der Arbeits-löhne auf dem Lande und einen permanenten Zuzug von Arbeitern nach den Städten hin zur Folge. Gleichzeitig gehen die Aus-wanderungen, namentlich von ländlichen Arbeitern nach überseeischen Ländern damit Hand in Hand. Es fehlten in der That die zur Getreideproduction erforderlichen Arbeitskräfte, und war der Ueber-gang der Großwirthschaften zum erweiterten Betriebe technischer Gewerbe und des Futterbaues im Interesse der Förderung ver-mehrter Fleischproduction und der Wirthschafts-Betrieb der Klein-bauern durch vermehrten Anbau von Handelsgewächsen 2c. hierdurch geboten. — Diese Betriebsrichtung der Landwirthschaft ist daher in wirthschaftlicher Beziehung durchaus naturgemäß, sie erstrebt eine erleichterte Production und demzufolge eine gesteigerte Concurrenz-fähigkeit, gegenüber den billiger producirenden Getreideländern in solchen Zweigen ihres Gewerbes an, welche mit der Hebung der Industrie und der allgemeinen Förderung des Welthandels im Zu-sammenhange stehen.

In England nimmt die mit Getreide bepflanzte Fläche fort-während ab, das Grasland aber an Ausdehnung zu. Diese Aende-rung hatte nach einer Arbeit von v. Pfister in dem Zeitraume von 1870 bis 1878 eine Vermehrung von 334 811 Stück Rind-vieh oder um 6 %, der Zahl der Schafe um 0,03 % und der Zahl der Schweine um 15 % zur Folge.

Aehnlich ging es in der Schweiz zu, wo während der Zeit vom Jahre 1866 bis 1876 diese Vermehrung bei dem Rindvieh 4,3 und bei den Schweinen 9,9 % betrug. Ferner hat nach einer Mittheilung in der Fühling'schen Zeitung in den Jahren 1867—1873 in Preußen sich das Rindvieh um 7,55 % vermehrt, dahingegen die Zahl der Schafe um 12 und die der Schweine sich um 12,35 % vermindert. — Diese Mittheilungen waren nöthig, um dem Leser einen allgemeinen Einblick in die Bewegung des Weltmarktes zu geben, welche sich auf die Production und Consumtion unserer nothwendigsten Nahrungsbedürfnisse beziehen. In der Folge werden wir finden, daß nur durch die Förderung einer verbesserten Wasserwirthschaft die deutsche Nation in diesem Kampfe um das Dasein die materielle Sicherstellung erreichen und behaupten kann, welche sie zur Wahrung ihrer politischen Stellung braucht.

III.

Die Klassification des Culturbodens.

Es war ein guter Gedanke, daß der landwirthschaftliche Centralverein für den Regierungsbezirk Potsdam im Jahre 1861 durch ein Preisausschreiben die erste Anregung zu einer geognostisch-agronomischen Kartirung des Schwemmlandes gegeben, indem derselbe eine Prämie von 500 Thalern Gold für das beste Werk einer „Agrikulturgeognosie" bewilligte, und ein specielles Verdienst des Professors Dr. Orth in Berlin bleibt es, vom Standpunkt der Wissenschaft in seiner Schrift über „die geognostisch-agronomische Kartirung des Culturlandes, mit besonderer Berücksichtigung der geologischen Verhältnisse Norddeutschlandes und der Mark Brandenburg, erläutert an der Aufnahme des Rittergutes Friedrichsfelde bei Berlin, Verlag von Ernst und Korn 1875", die technische Grundlage zur Ausarbeitung besserer geologischer und hydrologischer Karten zur richtigen Klassification des Kulturbodens geschaffen zu haben. Die obige, von dem landwirthschaftlichen Centralverein für den Regierungsbezirk Potsdam gekrönte Preisschrift ist auch die Veranlassung gewesen, daß das königlich preußische Landes-Oekonomie-Collegium in seiner XI. Sitzungsperiode, im Januar 1866, beschloß:

„Den Herrn Minister zu bitten, für das Schwemmland geognostisch = petrographische Karten in Angriff zu nehmen und die Aufnahmen, womöglich im Maßstabe von 1 : 25 000, anzuordnen; den Herrn Minister zu bitten, zur sofortigen Inangriffnahme die Summe von mindestens 8000 Thalern für die erste preußische Localaufnahme jährlich zu bewilligen und damit unter 4 Dirigenten ca. 8—10 Aufnahmen schon 1866 beginnen zu lassen."

Diese Vorgänge hatten zur Folge, daß von Seiten des königlich preußischen Handelsministeriums die Anfertigung geognostisch = agronomischer Karten angeordnet und mit der Anfertigung die zu diesem Zweck gegründete königlich geologische Landesanstalt zu Berlin beauftragt worden ist.

Aus diesem Institut sind bereits im Jahre 1878 mehrere geologisch-agronomische Kartenblätter aus der nordwestlichen Umgegend von Berlin erschienen, welche unter specieller Aufsicht des Professor Dr. Berendt und zwar nach einem mit dem Professor Dr. Orth vereinbarten System angefertigt worden sind. Die nähere Erläuterung dieses Gegenstandes ist in den „Abhandlungen zur geologischen Specialkarte von Preußen und den thüringischen Staaten. Band II., Heft 3. Berlin, Verlag der Neumann'schen Kartenhandlung 1877" nachzulesen.

Nach der vom Professor Dr. Orth gegebenen Definition versteht man unter Schwemmland gewisse lose, aus Sand, Lehm, Mergel, Thon und andere bestehende Erdmassen, welche sich in der Regel in tiefer liegenden oder wenig ansteigenden, wenig ebenen Gegenden befinden und durch ihre Beschaffenheit auf die Wirkungen beregten Wassers hinweisen, welches bei seiner Bildung vorzugsweise thätig gewesen ist.

Es sind also die von den festen Felsmassen unter dem Einflusse der Verwitterung zersetzten oder lose gewordenen Theile, welche durch das Wasser abgeschwemmt und in den zwischen den Gebirgen

liegenden Niederungen für gewöhnlich in horizontalen Schichten ab=
gesetzt worden sind.*)

Es ist der zumeist als Acker oder Wiese bearbeitete Boden,
und je nachdem dieser Boden horizontal oder geneigt ist und je nach
der Himmelsrichtung dieser Neigung ist er der Einwirkung der
Sonne und des Windes mehr oder weniger ausgesetzt, und selbst
der mit Wind herunterfallende Regen wird je nach der Richtung
der Neigung sich verschieden dagegen verhalten. Wer daher Boden=
materialien des Schwemmlandes verwerthen will, hat Methode,
Zeit und Manipulation denselben anzupassen, wozu er, bei den im
Großen auszuführenden Meliorationsarbeiten und häufigem Wechsel
der geologischen Schichten, ohne gute Kenntniß der letzteren weniger
gut im Stande sein wird. Denn ohne die Kenntniß der geologischen
Grundlagen eines Bodens in Bezug auf Feinerdegehalt der Ober=
krume und des Untergrundes, sowie der Lage, Neigung und Grund=
feuchtigkeit, bleiben wir im Unklaren über dessen eigentlichen Kultur=
werth. — Dieser Gegenstand ist also von einer viel größeren
national=ökonomischen Bedeutung, als dieses für den ersten Augen=
blick erscheint, weil sie der Land= und Forstwirthschaft die sicherste
Aufklärung über die rationelle Vertheilung und Benutzung des
Bodens, im Interesse der größtmöglichsten Production von Sach=
gütern, giebt. Es sind also vor allen Dingen die Landeskultur=
behörden dazu berufen, demselben in allen deutschen Staaten praktisch
näher zu treten.

Ueber die land= und forstwirthschaftliche Bedeutung der An=
fertigung geologisch=agronomischer Karten ist auf Grund der vor=
stehend angezeigten Schrift des Professor Dr. Orth noch folgende
Erläuterung zu geben: Der oberflächlich den Pflanzen zum Grunde
liegende Boden ist in der Regel nicht zu verstehen ohne die genaue
Kenntniß seines Untergrundes, aus welchem er genetisch abzuleiten,
und es ist also zunächst die geologische Grundlage, von welcher
hierbei, von unten nach oben gehend, ausgegangen werden muß,
während umgekehrt die Oberkrume und zwar namentlich das in den

---

*) Vergl. Lutloff. Die Linien gleicher Höhe. Prag 1878, bei
Dominikus.

Thälern angesammelte Schwemmland fast niemals erklärt werden kann. — Es ist jedoch in pflanzen-physiologischer Beziehung die Betrachtung der Oberkrume auf ihrer geologischen Grundlage und in ihrer chemisch-physikalischen Beeinflussung durch dieselbe von großer Wichtigkeit für die praktischen Dispositionen der Land- und Forstwirthschaft; die genaue naturwissenschaftliche Kenntniß ihres Bestandes und der damit zusammenhängenden Einflüsse, sowie die Bestimmung der Mächtigkeit, in welchem Verhältniß die verschiedenen Bildungen übereinanderliegend auftreten, kann nicht entbehrt werden. Es ist also das gesammte Profil vom oberen Boden zur geologischen Grundlage und bis auf eine entsprechende Tiefe, dessen Kenntniß hier bedeutsam ist.

Professor Dr. Orth hat hier also die chemisch-physikalische Beschaffenheit und die geologische Konstruktion desjenigen Theiles der sedimentären Schichten des Bodens im Auge, welcher direct in den Wurzelbereich der angebauten Kulturpflanzen fällt, und sind darum namentlich auch die Feuchtigkeitsverhältnisse und der natürliche Vorgang der chemisch-physikalischen Analyse derjenigen oberen Bodenbestandtheile, von der geognostischen Beschaffenheit des Untergrundes und dem mittleren Stande des Grundwassers unter der Erdoberfläche während der Vegetationszeit abhängig, welcher zur Bereitung der Pflanzennahrung erforderlich ist.

Indem man den oberflächlich auftretenden Boden auch zu oberflächlich behandelte, ist man überhaupt an der Oberfläche sitzen geblieben und hat den tieferen Beziehungen nicht näher treten können. Diese Thatsache zeigt sich in eclatanter Weise bei dem früheren Separationsverfahren, welches zur Folge hatte, daß man nicht nur durch die Trockenlegung hunderter von Brüchen und Teichen das angrenzende Ackerland überhaupt zu trocken legte, sondern auch Tausende von Hectaren eigentliches Waldland zur Ackerkultur einrichtete. Die Oberkrume eines Bodens ist demgemäß namentlich in ihrem physikalischen Verhältniß zum Untergrunde entsprechend zu beurtheilen, und ihr Kulturwerth überhaupt in erster Linie vom Untergrunde bedingt.

Die Fruchtbarkeit des Kulturbodens hängt wiederum von dem mittleren Stande des Grundwassers während der Vegetationsperiode unter der Oberfläche eines Feldes, bezüglich von der Hygroscopität des Gesammtbodenprofils ab. Zur Ermittelung derselben sind die Messungen der vertikalen Bewegungen des Grundwassers, und zwar, wie dieses vorstehend bereits eingehend erläutert worden, zunächst in den ebenen Flußniederungen an einzelnen cotirten Punkten ganz unentbehrlich.

Kombinirt man die Beschaffenheit der oberen übereinander lagernden Bildungen mit der wechselnden geologischen Grundlage, der Mächtigkeit der Grundfeuchtigkeit ꝛc., so ergiebt sich deutlich, wie es zu den größten Schwierigkeiten führt, wenn man die im Boden enthaltenen Nährstoffe einseitig in den Vordergrund stellt, und weshalb die sogenannte „chemische Düngung" bei den praktischen Landwirthen so sehr in Mißkredit gekommen ist.

Wie nothwendig aber namentlich im Interesse einer richtigen Klassification des der land- und forstwirthschaftlichen Kultur unterworfenen Bodens es ist, diese Beobachtungen auch auf die Untersuchungen des Untergrundes auszudehnen, das zeigt die Thatsache, daß die Wurzeln unserer Kulturpflanzen im Acker-, Wiesen- und Waldboden bis auf große Tiefe hinabgehen, sogar tief in das unter dem Boden befindliche Gestein eindringen, um demselben Nährstoffe zu entnehmen, je nachdem dasselbe nach seiner Natur, Verwitterung oder Zerklüftung dazu mehr oder weniger geeignet ist.

Verdient hier nicht immer von Neuem hervorgehoben zu werden, was der weitsichtige Karl Ritter in dem ersten Theile seiner Erdkunde (1817) Seite 6 sagt:

> „Nicht nur das allgemeine Gesetz einer, sondern aller wesentlichen Formen, unter denen die Natur im Größten auf der Oberfläche des Erdballs, wie im Kleinsten jeder einzelnen Stelle desselben erscheint, sollte Gegenstand der Untersuchung sein: denn nur aus dem Vereine der allgemeinen Gesetze aller Grund- und Haupttypen der unbelebten, wie der belebten Erdoberfläche kann die Harmonie der ganzen, vollen Welt der Erscheinungen aufgefaßt werden."

Oder was 19 Jahre früher A. v. Humboldt in seiner Einleitung zu „Ingenhoucz" über die Ernährung der Pflanzen und die Fruchtbarkeit des Bodens" sagt:

> „Wir dürfen uns keiner Einsicht in den Zusammenhang vitaler Erscheinungen rühmen, wenn wir nicht unabläffig das Studium der todten Natur und der belebten verbinden. Es ist die Erdkunde im Verhältniß zur Natur und zur Geschichte der Menschen,"

deren Ziffern, wie Dr. Orth hinzufügt, auch in den geognoftischen Grundlagen genauer erkannt und verstanden werden müffen; diejenige Wiffenschaft der Erde, deren Gesetze mit Bezug auf Vegetation und Thierleben am schwierigsten, oft nur durch Synthese zu erkennen sind, welche zu den irrthümlichsten Auffaffungen und schwersten wirthschaftlichen Schädigungen bis in die neueste Zeit Veranlaffung gegeben hat.

Im Hinblick auf diese Thatsachen erscheint es im volkswirth= schaftlichen Intereffe zweckmäßig, zunächst in allen Flußthälern der deutschen Länder mindestens ein typisches Profil nach der vom Profeffor Dr. Orth gegebenen Anleitung aufzunehmen und zur all= gemeinen Kenntniß der Bevölkerung zu bringen. Die allgemeine Landeskenntniß wird dadurch wesentlich bereichert und die Quellen seiner natürlichen Reichthümer bekannter und demgemäß auch beffer ausgebeutet werden. Es darf jedoch nicht versäumt werden, alle praktischen Erfahrungen zu benutzen, welche auf diesem Gebiete der Technik bereits gemacht worden sind. Sehr wichtig ist hierbei die Personenfrage, weil anzunehmen, daß gegenwärtig nur sehr wenige Gelehrte und Techniker sich mit der Anfertigung von geognoftisch= agronomischen Karten und der Bodenanalyse beschäftigt haben. — Es möchten diese Andeutungen vielleicht genügen, um namentlich auch die Geometer und Culturtechniker auf dieses große noch in Aussicht stehende Arbeitsfeld aufmerksam zu machen. — Behörden und Corporationen, welche demselben Gegen= stande im allgemeinen volkswirthschaftlichen Intereffe näher treten wollen, möchten dahingegen zweckmäßig, wie dieses auch von Seiten des landwirthschaftlichen Centralvereins für den Reg=Bez. Potsdam geschehen, wohl den Weg eines Concurrenz=Ausschreibens ein= schlagen, welches die Abfaffung einer ähnlichen Preisschrift, wie diejenige des Prof. Dr. Orth, zum Ziele hat und sich auf einen bestimmten Landestheil bezieht. Denn die Sache selbst ist noch zu neu und erfordert auch in technischer Beziehung noch gewisse Specialstudien, um einzelne Schwierigkeiten und Unklarheiten in den bisherigen Kartenwerken zu beseitigen.

Diese ersten Untersuchungen und die sich an dieselben schließenden Studien werden dann auch die Grundlage zur Ausarbeitung einer Instruction für die Bonitirungs-Commissionen bilden, welche den leitenden Commissarien bei Ausführung von Consolidationen oder Ermittelung von Ertragsstaxen zur Seite stehen.

Was das Verhältniß von Oberkrume und Untergrund betrifft, so theilt Professor Orth, abgesehen von den organischen Beimengungen, dieselben in Profile, bei welchen

1. die feinerdigen Theile nach oben in Menge abnehmen;
2. „ „ „ nach unten „ „ „
3. „ „ „ vom näheren Untergrunde nach oben und unten hin abnehmen;
4. die freierdigen Theile nach oben und unten hin zunehmen;
5. Oberkrume und Untergrund bis zur größeren Tiefe annähernd gleichwerthig sind.

Profil 1 repräsentirt hiernach im Wesentlichen den allgemeinen Typus der norddeutschen Ebene, während Profil 2 in der Hauptsache den geologischen Charakter der großen Flußniederungen anzeigt. Denn folgen wir dem Laufe eines Stromes von der Quelle bis zur Mündung, z. B. dem Rhein oder der Donau, so werden wir finden, daß der Feinerdegehalt der Oberkrume in den sich anschließenden Thälern und dem Flachlande von der Quelle abwärts immer mächtiger wird, die Kiesunterlage immer tiefer unter die Oberfläche herabsinkt und endlich ganz aufhört. Die zunehmende landwirthschaftliche Productionsfähigkeit ist die natürliche Folge dieses geologischen Prozesses, deren Charakter, wie schon bemerkt, in allen Flußthälern, abgesehen von den Verschiedenheiten des Gefälles und der geognostischen Zusammenstellung des abgelagerten Bodens, immer derselbe bleibt. Theils die Configuration des Terrains, theils die Zusammensetzung des Gesteins in den Gebirgen und die von den Nebenflüssen veranlaßten Erosionen und Ver-

3*

schlemmungen lassen nun selbstredend viele Veränderungen in den einzelnen Niederungsböden zu, deren Klarlegung nur durch eingehendste Untersuchungen ermittelt werden können.

Bei den Profilen der zweiten Abtheilung hat ohne Zweifel die Grundfeuchtigkeit, also der mittlere Stand des Grundwassers während der Vegetationsperiode, den größten Einfluß auf den landwirth=schaftlichen Bodenwerth. Die klimatischen Verhältnisse und die Ver=schiedenheit der Terrainlage, in sofern letztere mehr oder weniger von der horizontalen Ebene abweicht, bezüglich der größere oder ge=ringere Abstand des Grundwassers von der Oberfläche des Bodens und die Hygroscopität des letzteren, sind in diesem Falle sehr in das Gewicht fallende Factoren zur richtigen Classification des Cultur=bodens. Es ist dieses z. B. das Profil, welches die Rheinebene im Oberelsaß und namentlich auch in der Umgebung von Straßburg characterisirt.

Wie abhängig bei diesen Böden der allgemeine Ausfall der Ernten von der in die Vegetationszeit fallende Wärme= und Regen=menge, bezüglich dem mittleren Stand des Grundwassers ist, das zeigt die vorstehende in dem Abschnitt II über „Ernteerträge" mitgetheilte Beobachtung auf der meteorologischen Station in Straß=burg. Durch die bildliche Darstellung der Profile, wie sie z. B. dem Orth'schen Werke beiliegen, soll die wirkliche Kenntniß und das Verständniß der Grundlagen der Landescultur, sowohl für die ein=zelnen Gemarkungen und Flußgebiete, wie für den ganzen Umfang des Staates ermittelt werden. Der Verfasser spricht sich über diesen Gegenstand wie folgt aus:

„Die constanten oder wenig veränderlichen Factoren des Bodenwerthes sind diejenigen, welche im Klima und den geologischen Grundlagen begründet sind, von denen, weil das Klima auf großen Flächen sich weniger ändert, hier namentlich der vielfach wechselnde und ab=ändernde Grund und Boden im weiteren Sinne des Wortes genannt werden muß. Abgesehen vom Klima, sind die am meisten constanten Factoren des Bodenwerthes die geologischen Profile mit dem durch diese, so wie durch die Boden= und Terrainfiguration bedingten Feuchtigkeitsver=

hältniſſe und dieſelben haben auf die Cultur, ſo wie die Möglichkeit des Culturfortſchrittes und der Bodenmelioration den allerentſcheidenſten Einfluß.

„Der Menſch hat auf dieſe der Gegenwart überlieferten conſtanten (unter einander allerdings ſehr verſchiedenen) Factoren des Bodenwerthes (abgeſehen von der Ent= und Bewäſſerung) meiſt keine oder verhältnißmäßig geringe Einwirkung und er hat hier mit denjenigen gegebenen Größen zu rechnen, wie ſie uns in der Natur geboten ſind.

„Vielen Landwirthen iſt dieſer große Einfluß des geologiſchen Profils und der Grundfeuchtigkeit, namentlich in den Untergrundbildungen, erſt nach jahrelanger Bewirth= ſchaftung eines Gutes klar zum Bewußtſein gekommen, nicht ſelten erſt, nachdem eine größere Reihe von Miß= erfolgen vorgekommen war, und ſo ſehr wir auch mit Bezug auf die Oberkrume den mächtigen und umgeſtaltenden Einfluß durch die Düngung in ſehr vielen Fällen aner= kennen müſſen, eben ſo ſehr werden wir im Wirthſchafts= betriebe ſtets von Neuem darauf hingewieſen, in wie hohem Grade die Wirkung des Düngers durch das geologiſche Profil und die Feuchtigkeitsverhältniſſe bedingt wird und nicht annähernd als gleich angenommen werden kann. Für alle ſtatiſtiſchen Fragen iſt dieſe Thatſache von großer Be= deutung."

Prof. Dr. Orth fügt dem Geſagten an einem anderen Orte hinzu:

„Es iſt unleugbar, das in dieſem Sinne die Lücken, welche in der Kenntniß und Beurtheilung der Bodengrund= lage vorhanden ſind, zu den ſchlimmſten gehören, welche in der Wiſſenſchaft und im practiſchen Betriebe des Landbaues vorkommen können, und daß die Ausfüllung dieſer Kluft, das Eintreten in die Breſche, die Ueberwindung der auf dieſem Gebiete ſo häufig vorhandenen In= differenz und Gleichgültigkeit zu den wichtigſten Aufgaben der Zeit und des Wirthſchaftslebens der Nation gehört, von welchem die Land= und Forſt=

wirthschaft den bedeutendsten Theil ausmacht und stets aus=
machen wird."

Die Ermittelung der typischen Profile nach der Theorie des Prof.
Dr. Orth wird zur Folge haben, daß man die Classificirung und Werth=
schätzung des Bodens in Zukunft viel weniger nach dem allgemeinen
geognostischen Gehalt, als vielmehr nach der physikalischen Beschaffenheit
und Mächtigkeit der geologischen Ablagerungen und dem Grad der Feuch=
tigkeits=Capacität desselben beurtheilen wird, als dieses von Seiten
unserer Boniteure sonst zu geschehen pflegte, und Folge dieses
mehr gründlichen Verfahrens wird es sein, daß man viele chemisch
und phhsikalisch gut qualificirte Privat= und Gemeindeländereien,
welche heute der rationellen Bodencultur noch entzogen sind, durch
bessere Verwerthung nutzbar machen wird, wenn sie ohne Rücksicht
auf ihren Culturzustand nach ihrem wirklichen geologischen und
hygroscopischen Befunde geprüft und demgemäß in die entsprechend
höheren Bodenclassen eingeschätzt werden. Erst dann wird auch die
so vielfach angefochtene Grundsteuer einen tief eingreifenden volks=
wirthschaftlichen Zweck haben, sie wird keine Täuschung mehr sein,
und den Wohlstand der Landbevölkerung in Wahrheit fördern helfen.

Eine eingehende Betrachtung und definitive Vorschläge über die
„Classification des Culturbodens" nach zeitgemäßen Grundsätzen
habe ich unter Beifügung einer Muster=Tabelle im Heft I meiner
Schrift über „die landwirthschaftliche Wasserfrage," Prag
1878, Calve'sche k. k. Hofbuchhandlung, veröffentlicht, welche gleich=
zeitig als eine weitere practische Verwerthung der Bestrebungen des
Prof. Dr. Orth betrachtet werden darf.

Zur besseren Beurtheilung des vorliegenden Gegenstandes sind
noch folgende Erläuterungen zu geben:

1. Die von der k. preußischen Regierung in Aussicht ge=
nommenen und bereits unter specieller Leitung des Professors Dr.
Berendt in Berlin begonnenen Arbeiten zur geognostischen Kartirung
des Landes erstrecken sich nicht nur auf das vorhandene Schwemm=
land der norddeutschen Ebene, sondern überhaupt auf alles vor=
handene Culturland, also auch des Forstlandes.

Von Seiten des Prof. Dr. Orth sind zu diesem Zweck Probe=
kartirungen im Schwemmland und im Gebirgsland, erstere in der

Nähe von Berlin und letztere in der Nähe von Nordhausen in Aus=
führung begriffen, um theils die der veränderten Terrainlage ent=
sprechenden Kartirungsmethoden, theils einen der ganzen Arbeit ent=
sprechenden Kostenüberschlag zu finden, welcher etatsmäßig auf Grund
der gemachten Erfahrungen festzustellen sei. — Diese Kosten sollen nach
den bisherigen Ermittelungen wenig mehr als 3000 Mark die
Quadratmeile betragen.

2. Nach den mir vom Prof. Dr. Orth direct zugegangenen
Mittheilungen können zur ersten Einleitung der Bodenuntersuchungen
mit Hilfe von Erdbohrern die vorhandenen Katasterkarten im Maß=
stabe von 1 : 2500 oder 1 : 5000 benutzt werden, wenn sie den=
jenigen Grad von Richtigkeit haben, welchen man von Grundsteuer=
karten überhaupt zu verlangen berechtigt ist. Es hat also gar keinen
Anstand in einzelnen Gemeinden, wo man dieses überhaupt wünscht,
sofort mit den Arbeiten, behufs Herstellung geognostisch=agronomischer
Karten vorzugehen, und können daraus die Uebertragungen in die
zum Druck gelangenden Karten auf Grund der neuesten, in der Aus=
führung begriffenen topographischen Landeskarten im Maßstabe von
1 : 25000 seiner Zeit erfolgen.

Bei diesen Kartirungen handelt es sich in der Hauptsache nur
um die genaue Untersuchung eines typischen Profils, welches
sich als Musterstück für die Ausführung der Bonitirung einer
ganzen Gegend oder einer Gemarkung eignet. Es ist dieses auch
vollständig ausreichend und genügend für das Interesse, welches
die Landesverwaltung an der Sache zu nehmen hat. Wollen Private
oder Gemeinden ihre Felder und Wiesen speciell in der beregten
Weise kartirt oder untersucht haben, so steht dem Nichts entgegen,
dieses auf ihre Kosten thun zu lassen.

3. Die Erforschung der geologischen Schichten und deren chemisch=
physikalische Untersuchung des Bodens bis auf eine den Wurzeln
der angebauten Pflanzen erreichbare Tiefe, hat einen allgemeinen
wissenschaftlichen und einen speciellen wirthschaftlichen Zweck, und zwar:

a. einen wissenschaftlichen insofern, als es sich darum handelt,
den Zusammenhang der abgelagerten Schichten mit dem Ur=
gestein, den chemischen Feinerdegehalt und den Grad der
Hygroscopität der einzelnen Schichten, so wie die Feuchtigkeits=

Kapacität eines Culturbodens in seiner Gesammtheit nachzu=
weisen.

b. einen wirthschaftlich=praktischen Zweck, um auf Grund
der wissenschaftlichen Unterlagen:

1. die Classification des Culturbodens in Acker, Wiese und
und Forstland und somit auch den Umfang des Wald=
landes im Allgemeinen bestimmen zu können;

2. den Culturwerth des Bodens überhaupt und speciell im
Interesse von Käufen und Pachtungen von Grundbesitz
richtig bemessen zu können;

3. die Schichten des Untergrundes kennen zu lernen, behufs
Verbesserung der Oberschichten, wie dieses z. B. in Nord=
deutschland durch Mergelung des Sandes und bei Aus=
führung der Rimpau'schen Dammcultur=Methode durch
Besandung des Torfbodens geschieht;

4. den Anbau der geeigneten Culturpflanzen und speciell der
Futtergewächse, die Fruchtfolgen und die rationelle Ein=
theilung der zu bewirthschaftenden Culturflächen zu bestimmen;

5. Die allgemeine Bodenkenntniß insofern zu erweitern, als
es sich darum handelt, die äußeren Wachsthumsbedingungen
und die mechanische Bearbeitung des Bodens bezüglich der
Ausführung nothwendiger Meliorationen, welche mit der
Wasservertheilung in Beziehung stehen, gründlich kennen
zu lernen.

Die Staatsverwaltung kann bei Erwägung derartiger Arbeiten,
welche in der Hauptsache eine tiefere naturwissenschaftliche Kenntniß
des Culturlandes zum Ziele haben, sich selbststrebend nur an die
wissenschaftliche Bedeutung und Erläuterung des beregten Gegen=
standes halten, weil die wahre Wissenschaft überhaupt die sicherste
Grundlage jeder Praxis ist. Erst in der Folge wird es die specielle
Aufgabe der Landwirthe und Gemeindeverwaltungen sein, diese
Karten auch zu praktischen Zwecken zu vervollständigen und zu ver=
werthen.

Die im Maßstabe von 1 : 25000 von Seiten der Regierungen
anzufertigenden Karten (wie sie z. B. in der mit D. bezeichneten
Karte von Friedrichsfelde, welche dem Orth'schen Werke beiliegt,

fich charakterifirt) werden alfo nur Ueberfichtskarten fein, und erft die Karten im Maßstabe von 1 : 5000 auch für weitere practifche Zwecke benutzt werden können.

Im Maßstabe von 1 : 2500 bis 1 : 5000 ift die Karte zugleich eine geologifche und eine Bonitätskarte auf geologifcher Grundlage, während auf der geognoftifch-agronomifchen Karte im Maßstab von 1 : 25 000 nur die wichtigften allgemeinen Bonitätsverhältnisse zur Darftellung gelangen können.

Nach diefer Befchreibung der Sachlage und bei dem allgemeinen Intereffe, welches diefe Arbeiten des Profeffor Dr. Orth namentlich in landwirthfchaftlichen Kreifen hervorgerufen haben, erfcheint es wünfchenswerth, daß nach dem Vorgange der königlich preußifchen Regierung auch die Verwaltungen und Korporationen anderer deutfcher Staaten nach der angezeigten Richtung hin die nöthigen Unterftützungen gewähren, um die noch erforderlichen Studien und wünfchenswerthen Verbefferungen an der Herftellung muftergültiger geognoftifch-agronomifcher Karten zu machen, um mit der Zeit und mit vereinten Kräften ein dem deutfchen Geifte fpeciell entfproffenes nationales Kulturwerk fchaffen zu können, welches ohne jeden Zweifel den feften Beftand des deutfchen Reiches und fomit der Nation fehr bedeutend erhöhen wird, weil es uns den natürlichen Quellen des Reichthums in unferem Vaterlande näher führt, von welchen auch unfere politifche Exiftenzfrage in allererfter Linie abhängig ift.

IV.

Die wirthfchaftliche Bedeutung des Waffers in den drei Haupt-Culturzonen.

Wie wichtig die Wafferfrage namentlich für die Niederungen der großen Ströme geworden, das zeigt uns der in der I. Plenar-fitzung des deutfchen Landwirthfchaftsrathes einftimmig ange-nommene Antrag der Herren vom Rath, Dr. Bürftenbinder und Genoffen. Derfelbe lautet:

„Der deutfche Landwirthfchaftsrath wolle befchließen:

In Erwägung, daß

I. die Hochwasser der deutschen Ströme nach Verstärkung der Deiche gewachsen sind und dadurch die wirthschaftlichen Zustände in den Deichverbänden an dem Unterlaufe der Flüsse, soweit nicht Ebbe und Fluth einwirken; ungünstige geworden sind, weil

1. die Erhaltung und Vertheidigung der Deiche auf manchen Stromstrecken unverhältnißmäßige Opfer fordert,

2. die Gefahren der Deichbrüche, im Ganzen zwar seltener, aber intensiver werden,

3. das durch die Deiche dringende Quellwasser den Boden immer mehr und mehr verschlechtert,

4. die Entwässerung der Binnendeichsländereien während der Hochwasser mit den größten Schwierigkeiten zu kämpfen hat;

II. durch Regulirung der Inundation, der Be= und Entwässerung, so wie durch eine Rücklegung der Winterdeiche und Entlastung des Strombettes in den meisten Fällen diese Nothstände vermieden werden können und dadurch große Flächen Landes durch die be=fruchtende Wirkung der Sinkstoffe des Wassers zu hohem Ertrage gebracht werden können;

III. eine durchgreifende Abhilfe häufig nur durch gemeinsames Vorgehen der betheiligten Uferstaaten möglich ist, ersucht der deutsche Landwirthschaftsrath die betheiligten deutschen Landesregierungen unter Zuziehung landwirthschaftlicher Sachverständiger Untersuchungen dieser Wasser und Deichverhältnisse vorzunehmen, sowie commissa=rische Verhandlungen unter einander einleiten zu wollen, und auf Grund derselben Vorschläge zu einer gemeinsamen und durchgreifenden Abhilfe der jetzigen Nothstände für die einzelne Stromgebiete aus=zuarbeiten."

Wir haben es also hier mit einer Nothlage zu thun, welche durch die einseitige Aufführung der Deiche, zum Schutz gegen Ueberfluthungen der in Cultur genommenen Niederungen, hervor=gerufen worden ist, und wodurch der Landwirthschaft alljährlich viele Millionen Centner Futter durch den Verlust des befruchtenden Schlammes verloren gehen; unsere volkswirthschaftlichen Bestrebungen müssen also dahin gerichtet bleiben, diese unversiechbaren Quellen des Reichthums wenigstens zum Theil zur Vermehrung des jähr=

lichen Futterquantums wieder zu gewinnen, um sie zur Verbesserung und Vermehrung des Viehstandes zu verwerthen.*)

Es bleibt keinem Zweifel unterworfen, daß der Viehstand eines Landes in rationeller Weise nur dort vermehrt oder verbessert werden kann, wo man den Futterbau sicher begründet und zunächst das Wasser der Flüsse und Bäche, als das natürlichste Hilfsmittel hierzu betrachtet und richtig zu benutzen versteht. Nach dieser Richtung hin sind die Regierungen in Bayern, Würtemberg, Baden, Sachsen, Hessen und Oldenburg bereits mit gutem Beispiele voran= gegangen und die Fundamente zur Sicherstellung des Landbaues durch geeignete Gesetze und Verordnungen gelegt worden.

Nach dieser allgemeinen Betrachtung gehe ich zu einer einge= henden Erörterung über die Verwerthung des Wassers in den ein= zelnen Culturzonen über:

A. Die Zone des Gebirgslandes.

Die landwirthschaftliche Cultur der neueren Geschichte nimmt ihren Gang von der Höhe zur Tiefe, so daß wir uns heute, nach dem Abholzen der Wälder, thatsächlich bereits in den Sümpfen befinden, um auch diese der Cultur zugänglich zu machen. Mehr und mehr lernte man erkennen, daß die Sümpfe und Moore die ergiebigsten Fundgruben der landwirthschaftlichen Cultur sind, weil sie die ange= sammelten Reichthümer von Jahrtausenden als leichtlösliche Pflanzen= nahrungsstoffe in sich aufgespeichert tragen. Als man endlich fand, daß die Wälder als die natürlichen Wasserreservoire für die Unter= haltung einer dem Wachsthum unserer Culturpflanzen zusagende Feuchtigkeit der Luft und des Bodens betrachtet werden müssen, richtete man seine Blicke wieder nach den Höhen, um zu prüfen, bis zu welcher Grenze der Anbau des Waldes für die Ausübung der rationellen Landwirthschaft nützlich oder nothwendig sei.

Als das praktische Resultat dieser Erfahrungen trat in neuester Zeit die Waldschutzfrage in den Vordergrund der Berathungen unserer Gesetzgebung.

---

*) Vergl. „Dieck, Deichbauten und Flußregulirungen.“ Wiesbaden bei Limbarth, 1879.

Dieser Waldschutz ist namentlich in den Gebirgswaldungen von größester Bedeutung, weil in Verbindung mit der Regelung der Wasseradern in den Grenzen desselben die Abschwemmungen von Sand und Kies verhütet werden sollen, welche den Ausbau der Flüsse und Bäche in den Niederungen so sehr erschweren. Nach dieser Richtung hin geben die den Forstleuten wohl bekannten Schriften: „Ueber die Verwerthung der Linien gleicher Höhen von K. Ludloff (Prag 1878)" und die „Verhandlungen der fünften Versammlung deutscher Forstmänner in Eisenach vom 3.—6. September 1876" recht praktische Anleitungen.

Hier, wo der angehende Bach fast dauernd in steil abfallende Ufer eingegrenzt wird, läßt sich die Macht des Wassers noch durch Querverdämmungen und nutzbringende Wehrbauten abschwächen. Hier ist auch das eigentliche Gebiet für die industrielle Benutzung des Wassers, und wird es nach dem musterhaften Beispiele des Siegener Landes (wo das Wasser der Sieg thatsächlich am Tage der Industrie und bei Nacht von den Landwirthen benutzt wird) leicht sein, auch für speciell landwirthschaftliche Zwecke noch einen großen Theil des fließenden Wassers in der Gebirgszone dienstbar zu machen. — Diese Zone eignet sich auch am Besten für die Anlage von Wasserreservoiren, welche ebenfalls sowohl landwirthschaftlichen, als auch industriellen Zwecken dienen können.*) Der Bau derartiger Bassins hängt jedoch, abgesehen von ihrer Kostspieligkeit, immer von verschiedenen technischen und wirthschaftlichen Vorbedingungen ab, welche sich auf die Lage des Ortes, die Bodenbeschaffenheit und die Größe des Niederschlagsgebietes beziehen. Wir werden jedoch niemals fehlgehen, wenn wir das Haupt-Wasserreservoir unserer Culturländer in erster Linie in dem rationellen Anbau unserer Wälder mit Hilfe von Horizontalgräben an den Berglehnen und in einem geeigneten System der Correction und Stauung der Bergbäche, sowie endlich durch Anlage von Schlammfängen an allen Straßen und Feldwegen zu suchen bestrebt bleiben.

---

*) Vergl. Toussaint, „die landwirthschaftliche Wasserfrage". Heft I. S. 46. Prag 1878, Calve'sche k. k. Hofbuchhandlung.

Eine sehr wichtige volkswirthschaftliche Frage tritt hier an den Erlaß gesetzlicher Bestimmungen heran, wie das vorhandene oder gesammelte Wasser unserer Bäche zwischen Industrie und Landwirth= schaft zweckmäßig getheilt werden soll? In meiner bereits angezeigten Schrift über die l a n d w i r t h s c h a f t l i c h e W a s s e r f r a g e, (Prag 1878) habe ich im Heft I Seite 115 eine Lösung dieser Frage, mit Bezug= nahme auf die in Frankreich geltenden Bestimmungen versucht. Durch die erst in die neueste Zeit fallende Erfindung von electro= motorischen Maschinen, im Interesse der Herstellung des elektrischen Lichtes und der Benutzung dieser Kräfte zum Transport von Menschen und Waaren, haben die „W a s s e r k r ä f t e", welche in den Gebirgsdistricten noch in vielen Tausenden von Pferdekräften zu haben sind, eine erneute volkswirthschaftliche Bedeutung erhalten.

Dem oben angezeigten Beispiele aus dem Siegener Lande tritt in diesem Punkte die Regulirung der Wasserverhältnisse in einem großen Wiesenthal der rauhen Alp, im E r m s t h a l, im Königreich Würtemberg, ebenbürtig an die Seite. Im Oberamt Urach haben daselbst nach langjährigen Streitigkeiten und Prozessen die inter= essirten Landwirthe, Mühlen= und Fabrikbesitzer auf den Vorschlag eines Ortsrichters, sich bereits seit mehreren Jahren zu einer großen W a s s e r = G e n o s s e n s c h a f t vereinigt.

Sie haben die Benutzung des vorhandenen Wassers nach Erfahrungs=Grundsätzen und mit Rücksicht auf die klimatischen und industriellen Verhältnisse regulirt, und Müller, Fabrikbesitzer und Landwirthe arbeiten seit jener Zeit friedlich neben und miteinander und befinden sich wohl bei dieser Einrichtung, welche lediglich auf die S e l b s t h i l f e basirt ist. Zu dieser Einrichtung, welche dem humanen und wirthschaftlichen Geiste der dortigen Bevölkerung alle Ehre macht, bedurfte es nur e i n e r gesetzlichen Bestimmung, und zwar dieser, daß der Wassergenossenschaft die Rechte einer juristischen Person verliehen wurden. Was jedoch die Hauptsache bleibt, die friedliche Arbeit ist dadurch gesichert und der allgemeine Wohlstand in den betreffenden Gemeinden außerordentlich gefördert worden.

In der That, viele Hunderte von Gemeinden könnten in den wasserreichen Thälern Deutschlands dieses eclatante Beispiel eines gesunden Bürgersinnes sich zum Muster nehmen. Denn in der

Hauptſache handelt es ſich doch nur darum, den Landwirthen in der Vegetationszeit das Waſſer unſerer Bäche für Produc=tionszwecke, vielleicht mit Hilfe von Waſſergerichten, und nöthigenfalls gegen entſprechende Entſchädigung zugänglicher zu machen, deren Mitglieder von den Intereſſenten gewählt werden; denn ohne eine geregelte Waſſerordnung und Waſſerzuführung iſt an eine Sicherſtellung des Futterbaues und ſomit an ein agrariſches Gedeihen und eine Vermehrung der Viehzucht nicht zu denken. — In dieſe Zone fällt auch die Förderung der künſtlichen Forellenzucht. Dieſelbe hat auch in den Gebirgsdiſtricten eine nicht in Zweifel zu ziehende volkswirthſchaftliche Bedeutung, ſie kann jedoch nur durch den Erlaß von Verordnungen über die Verpachtung der wilden Fiſcherei in den Staats= und Gemeindewaldungen ſich zu einer ſegensreichen geſtalten, wenn dabei auch den gemachten Fortſchritten in der Fiſchzucht gebührende Rechnung getragen wird.

Noch dürfte in Erwägung zu ziehen ſein, ob bis zu einer gewiſſen Grenze das Flößen des Holzes in ungebundenen Scheiten in den Gebirgsforſten ſich noch volkswirthſchaftlich recht=fertigen läßt? Ich bin der Meinung, daß es nothwendig erſcheint, den geſammten Flößereibetrieb einer zeitgemäßen geſetzlichen Be=ſchränkung zu unterziehen, wo es nützlich erſcheint, in den Sommermonaten die trockenen Hänge der Gebirge mit dem vor=handenen Waſſer der Waldbäche im Intereſſe beſſeren Wachsthums der angebauten Waldpflanzen z. B. nach der angewendeten Methode des Forſtmeiſters Kaiſer oder durch Anlage von Horizontal=gräben anzufeuchten.*) In Elſaß=Lothringen, wo es an dem zum Flößereibetrieb nöthigen Waſſer überhaupt fehlt, hat man zum Transport des Holzes aus den höheren Gebirgslagen die ſogenannten Schlittbahnen eingerichtet, welche ihren Zweck vollkommen er=füllen.

Vor allen Dingen iſt es aber das Gedeihen einer rationellen Viehzucht, welche mit der Benutzung des Waſſers in der Gebirgs=zone in einem innigen Zuſammenhange ſteht, und wir ſehen dieſen

*) Vergl. die Verhandlungen der V. Verſammlung deutſcher Forſtwirthe in Eiſenach pro 1876, und „die Linien gleicher Höhe“ von Lubloff, Prag 1878.

Zweig der Landwirthschaft bereits auch in einem erfreulichen Auf=
schwunge, wo die Regierungen es verstanden haben, durch die Ein=
führung weiser und zeitgemäßer Gesetze über die zweckmäßige Ver=
theilung und Benutzung des Wassers ein solides Fundament für
den Futterbau zu schaffen.

Die Thäler des Gebirges, überhaupt alle Flußniederungen, in
soweit letztere periodischen Ueberschwemmungen ausgesetzt sind, sind
die natürlichen Grasplantagen unserer Culturländer, und sollte die
Hacke oder der Pflug niemals eingesetzt werden, soweit das Wasser
reicht, um den Anbau des Grases zu pflegen, oder wo der Baum
des Waldes besser gedeiht, als die Früchte des Feldes.

a. Die Bewirthschaftung von Oedländereien in den Gebirgen.

An diese allgemeine Betrachtung über die wirthschaftliche Ver=
werthung von Boden und Wasser in der Gebirgszone knüpfe ich
eine Specialstudie über die wirthschaftliche Verwerthung soge=
nannter Oedländereien in den Gebirgen, wie sie als Allmenden
von einzelnen Gemeinden namentlich im Süden und Westen des
deutschen Reiches noch gefunden werden.*) Nach den Ermittelungen der
Geschichtsforscher sind dieses die letzten Reste der ehemals im deutschen
Reiche bestandenen sogenannten Markverfassungen und ist die
Bewirthschaftung derselben z. B. in den Vogesen folgende:

Die oft seit mehreren Jahren zur Hutung benutzten Flächen
werden unter die Gemeindeglieder in einzelnen Parzellen vertheilt,
geplaggt und die gedörrten Rasen verbrannt; die dadurch erzeugte
Rasenasche wird über die ganze, zuvor mit der Hacke bearbeitete
Parzelle vertheilt, Roggen eingesäet und nach dessen Aberntung in
den besseren Bodenlagen im folgenden Jahre noch eine Kartoffel=
ernte erzielt. Nach der letzten Ernte bleibt der Boden der Selbst=
berasung überlassen und wird die so bearbeitete Fläche, je nach der
Ausdehnung des gemeinschaftlichen Besitzes derartiger Oedländereien,

---

*) Vergl.: „Das Ureigenthum" von Emile de Laveley. Leipzig bei
Brockhaus, 1879.

6—10 Jahre als Weideland für Schafe, Ziegen und Rindvieh be=
nutzt, wonach dann eine erneute Bearbeitung des Bodens eintritt.

Die Verwitterungsproducte der aus Granit, Syenit, Melaphyr
und Porphyr bestehenden Gesteine dieser Gebirge bilden einen äußerst
fruchtbaren Boden, der reich an Kali und Phosphorsäure ist; daher
ist auch die Weide sehr kräuter= und kleereich, auch sind es nur die
besseren Gräser, welche hier zwischen und unter dem üppig wachsenden
Ginster wachsen. Die oben beschriebene Art der gemeinschaftlichen
Benutzung dieser Ländereien ist ohne Zweifel sehr alt und heute
noch als ein historisches Zeugniß zu betrachten, wie man in Deutsch=
land den Grund und Boden bearbeitete, als noch alles Land „Ge=
meindeland" war. Die Bewohner dieser Berge, welche neben der
Pflege ihres geringen Ackerbaues meist Handweberei treiben, führen
bei großen Arbeitsleistungen nur eine kümmerliche Existenz. Sie
sind dabei sehr eifersüchtig auf ihre Rechte zur eigenthümlichen
Benutzung dieser Weideflächen, weil sie ihnen das nöthige Futter
gewähren, um während 6 Monaten des Jahres ihren geringen
Viehstand zu unterhalten und ihnen so ein erheblicher Beistand zu
ihrem Lebensunterhalt gewährt wird.

In ähnlicher Weise werden noch in vielen anderen Gegenden
Deutschlands, z. B. im Erzgebirge, im Riesengebirge, in Steier=
mark und Tyrol die waldlosen Gebirgsflächen benutzt. Es hängen
daher die Lebensgewohnheiten und die Existenz der dortigen Bevöl=
kerungen mit dieser Art von Wirthschaftsbetrieb so innig zusammen,
daß es ein wirthschaftlicher Fehler wäre, heute schon, an eine reine
Aufforstung dieser Flächen zu denken, vielmehr es räthlich erscheint,
zunächst nur ganz successive eine veredelte Weidewirthschaft
einzuführen, wie dieselbe z. B. in Schleswig als sogenannte
Koppelwirthschaft besteht, um dann mit der Zeit wieder in die voll=
ständige Waldwirthschaft einzutreten. Nach Lage der Verhältnisse
wird es sich dabei empfehlen, die steilsten Abhänge, je nach der
Bodenart, mit Nadelholz oder Eichenschälwald, Kastanien ꝛc. aufzu=
forsten, hingegen die meist sehr guten Weiden auf den Plateau's
und den sanften Abhängen nach Art der „Knicks" in Schleswig
mit fünf bis sechs Meter breiten Niederwaldstreifen, welche sich den
Horizontalgräben anschließen, schachbrettartig zu bepflanzen, und

zwar so, daß die dazwischen liegenden Weideflächen von der dazu berechtigten Bevölkerung systematisch behütet, und je nach Wunsch und Bedarf auch mit Kartoffeln, Roggen oder Hafer ꝛc. bestellt werden können.

Diese zwischen den Weideflächen liegenden Waldstreifen sind mit Eichen, Ahorn, Haselnuß und Buchen zu bepflanzen und als Niederwald zu bewirthschaften. Dieselben sind in Entfernungen von 25 bis 50 Metern und zwar genau in den Horizontallinien der Abhänge anzulegen und erhalten an ihrer oberen Seite einen möglichst breiten aber flachen Graben, welcher den Zweck hat, den Ueberfluß der in die einzelnen Weideplätze gefallenen Regenmengen in sich aufzunehmen, wodurch mit der Zeit nicht nur eine nachhaltige Anfeuchtung dieser Berglehnen sich vollziehen lassen wird, sondern es wird auch weiteren Bodenabschwemmungen dadurch am sicherften vorgebeugt werden.

Die angebauten Feldfrüchte werden unter diesen Umständen sich ebenfalls kräftiger entwickeln und namentlich wird das Gras besser wachsen, weil Wärme und Feuchtigkeit gebunden und auch Schutz gegen die kalten Winde geboten wird, welche letzteren das gute Gedeihen des Weideviehes und das Wachsthum der Pflanzen immer sehr beeinträchtigen.

Ist eine Quelle oder größere Wasseraber vorhanden, so ist die= selbe für die Bewässerung der anliegenden Berglehnen zu benutzen, indem man dieselben zunächst in einen möglichst flachen, nur wenig geneigten oder ganz horizontalen Graben ableitet und von welchem aus, erst nach vollständiger Füllung desselben der weitere Zufluß, von Wasser durch einen unterirdischen, von Bruchsteinen herzustel= lenden Ableiter (also einer Steindrainage) dem nächsten, tiefer liegenden Horizontalgraben zugeführt wird, dessen Sohle (also des Ableiters) ca. 15 - 20 Centimeter über der Sohle des oberen Horizontalgrabens liegt. Führt man die Grabenanlagen in dieser Weise nach unten hin fort, so wird man Schleusen oder sonstige Vorrichtungen nicht nöthig haben und ganze Flächen durch „Selbst= bewässerungen" regelmäßig anfeuchten können. Will eine oder die andere Gemeinde diese Flächen, theilweise oder ganz, später mit

Wald anbauen, so werden die mit Laubholz bewachsenen Niederwaldstreifen natürliche Schonungen für anzubauende Nadelhölzer sein.

In der Nähe der Dörfer wird es sich empfehlen, alle 10 Mtr.
je einen echten Kastanien-, Pflaumen- oder Kirschbaum in die Waldstreifen als Oberständer einzupflanzen. Diese letzteren gedeihen
namentlich in Süddeutschland auch in Wäldern gut und bieten somit
Aussicht auf eine ziemlich sichere Neben-Erntequelle der Bevölkerung,
während in den oberen Lagen, wie schon bemerkt wurde, Tanne,
Lerche, Eberesche, Eiche und Ahorn sich besser als Oberständer eignen
dürften.

Durch eine derartige Verbindung von Wald- und Weidewirthschaft werden:

1. die wirthschaftlichen Gewohnheiten der angesessenen Bevölkerung, 2. die bessere Verwerthung der Weideplätze durch ratio-
nelleren Holz-, Getreide- und Grasbau, 3. die Anfeuchtung des
Bodens und Verhütung von Abschwemmung desselben, 4. die Pflege
der Obstcultur und 5. der Werth des Weideganges zur Production
von Zuchtvieh für die Viehwirthschaft im Allgemeinen und die
Milch-, Butter- und Käsefabrication im besonderen berücksichtigt.

Nach Feststellung der zur Koppelwirthschaft bestimmten Weideflächen wird es sich empfehlen, in möglichster Nähe der Dörfer, in
jeder Gemarkung 5 bis 10 Hectaren dieser Flächen einzuschonen
und unter der Leitung der Forstverwaltung in obiger Weise zunächst
als „Musterweideland" zu cultiviren. Es würden in diesem Falle
von der Gesammtfläche pro Hectar ca. $^{1}/_{10}$ mit Holz und $^{9}/_{10}$ mit
Getreide, Kartoffeln und Gras bestellt werden können.

Legen wir zur Aufstellung eines allgemeinen Kostenanschlages
einen Tagelohnsatz von 2 Mark zu Grunde, so werden, incl. des
Anbaues der Holzstreifen und mit Aushebung der Horizontalgräben, die Kosten pro Hectar sich mit 120 bis 160 Mark, und
also, im Fall die Vermittelung einer Bodencreditbank mit 6 %
Zinsen hierzu in Anspruch genommen wird, die jährlichen Amorti-
sationsquoten sich pro Hectar rund mit 9 Mark berechnen.

Diese Flächen sind mindestens auf 6 bis 9 Jahre in Schonung
zu legen, d. h. sie müssen gegen den öffentlichen Weidegang geschützt
sein, doch können während dieser Zeit die einzelnen Weideplätze gegen

Entschädigung der Amortisationsquote oder in öffentlicher Versteigerung im Interesse der Gemeindekasse, an einzelne der besseren Landwirthe in Loosen zu Getreide= und Grasbau verpachtet werden. Der ökonomische Werth einer derartigen Verpachtung liegt einfach darin, daß man diese Flächen besser als früher cultiviren und namentlich in der Nähe der Dörfer auch mit animalischem Dünger versehen kann, so daß statt der heute öden Berglehnen nach Ablauf der Pacht= zeit an diesen Orten blühende Obst= und Grasgärten entstanden sein werden, welche die Bevölkerung zur weiteren Einführung einer der= artigen Koppelwirthschaft aufmuntern sollen. — Es würde hierzu freilich die heutige Art der wilden Hutung aufzuhören haben und das sogenannte „Tübern" des Weideviehes einzuführen sein, wie dieses z. B. in Schleswig und auf den dänischen Inseln schon längst geschieht; die einzelnen Rinder, Ziegen oder Schafe werden zu diesem Zwecke in gerader Linie und in einer entsprechenden Ent= fernung von einander an Pfählen und Leinen befestigt.

Ist ein Anfang in dieser Weise gemacht worden, so wird es nicht schwer fallen, den Pächtern dieser Parzellen auch eine für die vorliegenden Verhältnisse geeignete bessere Wirthschaftsmethode anzu= empfehlen; auch wird ein gewisser Wetteifer unter denselben nicht ausbleiben, wenn von Seiten der Verwaltung für die bestcultivirten Flächen, nach Ablauf der Pachtzeit, Prämien in Aussicht gestellt werden.

Wollen einzelne Gemeinden schon vor dieser Zeit über die von der Musterfläche eingenommenen Grenzen hinausgehen und alljährlich bestimmte Flächen in der angegebenen Weise cultiviren, so würde sich mit der Zeit sogar die Möglichkeit bieten, dieselben im Interesse der Einführung einer vermehrten Zahl von besseren Viehwirthschaften, im Zusammenhange an einzelne tüchtige Landwirthe zu verpachten. Hiermit wird, weil auch der Ausbau von Gehöften damit verbunden sein würde, eine neue Quelle zur Hebung des Wohlstandes in diese, meistens von einer armen Fabrikbevölkerung bewohnten Gebirgsdistricte getragen werden. Die heutigen Oedländereien werden dann als der beste und gesündeste Zuchtviehstall für tiefer liegende Kreise des Landes betrachtet werden können, in welchen die Stallfütterung ein= geführt worden ist und wodurch den betreffenden Landstrichen das

Geld erspart bleibt, welches heute, behufs Ankauf von Zuchtvieh in das Ausland geht. Das Endziel dieser Wirthschaftsmethode muß jedoch bis zu einer gewissen Grenze die Wiederbewaldung dieser Flächen sein und dürfte sich bei der großen Bedeutung des Waldes, als bestes Wasserreservoir im Haushalt der Natur, unter Umständen sogar die Anwendung von Zwangsgesetzen für die Förderung der allgemeinen Interessen eines Volkes, als nothwendig empfehen lassen. Wo der Baum des Waldes noch wächst und das Gras gedeiht, dort giebt es auch Brod, wenn der Mensch die ihm auch an diesen Orten zur Verfügung stehenden Saatkeime der Natur mit Hilfe der Cultur befruchten und demgemäß volkswirthschaftlich zu benutzen versteht.

B. Die Zone des Vor= und Flachlandes.

In den Bereich dieser Zone fallen die mehr der Entwässerung bedürftigen Flächen des Culturlandes, welche mit Getreide oder Hack=früchten angebaut werden; es ist das Diluvium, welches durch manichfache Erosionen und Aufschwemmungen zu den verschiedensten Quellenbildungen und Versumpfungen Gelegenheit bietet. Hier findet auch die Drainage vielfach Anwendung, um mit Hilfe der=selben eine erhöhte Temperatur und gleichmäßige Feuchtigkeit für die oberen Bodenschichten der Feldfluren anzustreben. Hier genügt es oft, die durchziehenden Flüsse und Bäche, nur an einzelnen Stellen flach einzudeichen und zur Beschaffung einer geeigneten Vorfluth so zu reguliren, daß die einmündenden Ableitungsgräben tief genug gemacht werden, um eine durchgreifende Entwässerung der anliegenden Aecker und Wiesen bewirken zu können. Die Benutzung des fließenden Wassers für speciell landwirthschaftliche Zwecke wird in dieser Zone immer nur eine beschränkte bleiben, denn einmal haben sich in der=selben thatsächlich die meisten Mühlen und Fabrikanlagen behufs Ausnutzung der Wasserkräfte etablirt und zum anderen eignet sich das vorhandene Land hier mehr zum Getreide= und Hackfruchtbau als zum Grasbau. Auch die Anlage von Schifffahrts=Kanälen und Wasserreservoiren im Interesse des Handels wird sich in dieser Zone nur unter besonders günstigen Verhältnissen empfehlen lassen.

Unter Umständen wird es praktisch erscheinen, an der Grenze der Waldregion, also am Fuße des eigentlichen Gebirgslandes,

Stauwerke auszuführen, um mittelst derselben das aus den höher liegenden Wäldern und Sammelbassins hier zuströmende Wasser, rechts und links den tiefer liegenden Plateaus zur landwirthschaftlichen und industriellen Benutzung zuzuführen. Die Regulirungen der weder schiff= noch flösbaren Bäche, welche man seither, von oft sehr engbegrenzten Gesichtspunkten geleitet, nur streckenweise ausführte und in einzelnen Ländern sogar heute noch von dem Beschlusse einzelner Gemeinden abhängig macht, sind in Wahrheit die Grund= lage für eine möglichst wirthschaftliche Vertheilung und Benutzung von Boden und Wasser, so daß mithin die Gesetzgebung alle fließenden Gewässer, als dem Staate und der Allgemeinheit gehörend, acceptiren muß, weil ohne diese Annahme die rationelle Benutzung des Wassers für allgemeine Culturzwecke nicht durchführbar ist.

Die vielen Mühlen und Stauanlagen, welche in diese Zone fallen, sind zum großen Theil als die ersten Ursachen von Ver= sumpfungen zu betrachten, welche die Drainage oft erst nothwendig machen, weil durch das geringe Gefälle eines einzigen Mühlgrabens das Wasser oft auf weite Entfernungen in das Land hinein aufge= staut wird.

Die ebenen Lagen in dieser Zone und das bereits vielfach vor= handene stagnirende Grundwasser auf undurchlassenden Thonschichten begünstigen dahingegen die theilweise Anwendung der Petersen'schen und Rimpau'schen Culturmethoden*), und da die Berechtigungen zur Benutzung der fließenden Gewässer sich meistens in den Händen der Industriellen befinden, so wird es oft nützlich sein, die Feld= und Wiesenfluren mit dem zur Verfügung stehenden Grundwasser anzufeuchten, wie dieses z. B. nach einer von mir gegebenen An= leitung auch auf der Herrschaft Ungarisch=Altenburg in der Donau= Niederung mit günstigen Erfolgen geschieht**).

Größere Bewässerungsanlagen, welche freilich auch in dieser Zone zu finden sind, haben, wo sie weder mit natürlicher noch künst= licher Drainage verbunden sind, für gewöhnlich durch den sich ab= lagernden feinen Schlick, Versumpfungen im Gefolge. Wir finden

---

*) Vergl. Toussaint: „Die Bodencultur und das Wasser". Breslau 1872.
**) Vergl. Toussaint: „Die landwirthschaftliche Wasserfrage". Heft I. Prag 1878. Seite 135.

diese künstlichen Sümpfe als sogenannte Rückenbauten bereits in Tausenden von Hectaren in Deutschland verbreitet, und da ihr Nutzen für die Landwirthschaft im Allgemeinen nur ein geringer ist, so dürften die Verwaltungsbehörden oft Ursache haben, im Interesse einer rationellen Wasserwirthschaft derartige größere Bewässerungs-Anlagen nur zu gestatten, wenn sie in Verbindung mit entsprechenden Entwässerungs-Anlagen in Ausführung gebracht werden.

Daß es sich hierbei thatsächlich auch oft um eine Wasserverschwendung handelt, ergeben folgende Zahlen. Nach Vincent bedarf man, um eine düngende Wirkung des Wassers in unserem deutschen Klima und auf eben gelegenen Flächen durch Berieselung zu erzielen, pro Hectar und Sekunde bis 0,133 Cub.-Meter Wasser, während diese Wassermenge bei geregelter Düngung, einen undurchlassenden Untergrund vorausgesetzt, zur künstlichen Anfeuchtung einer Fläche von fünfzig und mehr Hectaren genügt. Denn was in Italien und Spanien, also den wärmeren Zonen, an dieser Stelle zweckmäßig ist, kann bei uns in Deutschland noch schädliche Wirkungen zur Folge haben; auch ist es nöthig zu wissen, daß in den genannten Ländern, also in den wärmeren Klimaten, nur der achte bis zehnte Theil des Wasserquantums erforderlich ist, welches wir in Deutschland gebrauchen, um ein bestimmtes Quantum von Gras durch die Berieselung zu erzielen*).

Noch ist aufmerksam darauf zu machen, daß nach großen Regengüssen aus der Getreidezone das meiste Dungwasser und die vorzüglichsten Schlammtheile von den mit Pflug und Egge bearbeiteten Feldern in die Flüsse und Bäche abfließen, wo man durch Anlage von Schlammfängen und Teichen nicht Vorsorge getroffen hat, diese wichtigen Merkmale der Fruchtbarkeit dem Lande zu erhalten.

Es liegt daher im allgemeinen volkswirthschaftlichen Interesse, von Seiten der Staatsverwaltungen an die Vorlage von Gesetzen zu denken, auf Grund welcher die einzelnen Gemeinden verpflichtet werden, daß an allen Straßen und Feldwegen Schlammfänge angelegt, überhaupt Vorrichtungen getroffen werden, daß die so

---

*) Vergl.: „Die landwirthschaftlichen Meliorationen in Italien“ von Markus. Wien 1881.

schädlichen Abschwemmungen bereits cultivirten Bodens, sowie überhaupt der directe Abfluß der Dungwässer in die Flüsse und Bäche
des Landes möglichst verhütet werden. Auch die Städte und die
bei Weitem größere Zahl der Dörfer liegen in dieser Zone vertheilt,
und es ist daher eine seltsame Erscheinung in der Culturgeschichte
der Menschheit, daß gerade die Fortschritte in der modernen Cultur
bisher die hauptsächlichste Veranlassung dazu gegeben haben, die im
Boden schlummernden Naturkräfte abzuschwächen und sie dem Meere,
dem großen Grabe der Welt, zuzuführen.

Man sagt zwar, jeder Fortschritt in der allgemeinen Cultur
wird bedingt durch eine Zerstörung vorangegangener Thatsachen,
aber jeder Fortschritt hat auch nur dort seine Berechtigung, wo seine
Nothwendigkeit im Leben des Volkes wirthschaftlich bedingt ist. So
war es entschieden keine Verbesserung, sondern im Gegentheil eine
absolute Schädigung der Vegetationskraft im Großen und Ganzen,
daß man in dieser Zone, theils durch die fast radikale Devastirung der
Gemeindewälder und Seespiegelsenkungen, theils durch Be-
seitigung Tausender ehemals vorhandener Fischteiche und größerer
Weiher, meist im Interesse von Gemeinheitstheilungen, ganze
Landestheile geradezu entwässert hat. Es ist immer gut,
auch die ehemalige Nützlichkeit einer vorhandenen Sache mehrmals
ins Auge zu fassen, ehe man an die gänzliche Zerstörung derselben
herantritt.

Der Baurath a. D. Dieck spricht sich in seiner neuesten Schrift
„Die Flußregulirung" (Wiesbaden 1882, Verlag von Limbarth.)
über diesen Gegenstand wie folgt aus:

„In jedem Stromgebiete sind die Bäche, Flüsse und der
Strom selbst, wie bekannt, nur die sichtbaren Wasserstränge,
unter denen sich in den durchlässigen Sand- und Gerölleschichten
eine bei Weitem größere Wassermasse unsichtbar und langsam
thalab wälzt. Es wird mithin durch die Senkungen des
Wasserspiegels im Bette des regulirten Flusses oder Stromes,
welche die Neben-Flüsse und -Bäche in Mitleidenschaft ziehen,
zumal wenn letztere ebenfalls regulirt sind, auch eine Senkung
des Standes der Grundwasser herbeigeführt, und durch das
Stromgebiet gewissermaßen drainirt, indem die Bodenfeuchtig-

keit, die früher von der Vegetation verbraucht wurde, und sich aus den Wasserläufen wieder ergänzte, jetzt nach diesen hingeleitet, nutzlos fortgeführt und hierdurch in wasserarmen Jahren die Dürre befördert wird.

„Noch im vorigen Jahrhundert wurde der Wasserstand der deutschen Flüsse einigermaßen von der Natur selbst geregelt. Es gab in den Stromgebieten unter und über Tage zahlreiche natürliche Magazine, in denen sich große Qantitäten des Frühlingswassers sammeln und halten konnten, bis im Sommer oder Herbst der niedrigste Wasserstand der Ströme seinen Abfluß verursachte und sich dadurch selbst auf einer gewissen Höhe erhielt. Seitdem die ausgedehnten Waldungen, Seen, Moore, Brüche, Sümpfe und nassen Ländereien, wie auch eine bedeutende Anzahl von Teichen, welche jene Wasser zurückhielten, in großartigem Maße abgesetzt, zum Theil abgezapft und durch Drainirung oder durch Ableitung trocken gelegt worden sind, entbehren die Ströme dieses Sommer- und Herbstzuflusses und die Folge davon ist, daß der Wasserreichthum der nassen Jahreszeit auf einmal in das Meer abgegeben wird und für die trockene Jahreszeit kein anderer Zuwachs bleibt, als die sommerlichen Niederschläge.

„Da nun die besprochene in Deutschland übliche Schiffbarmachung der Wasserläufe die Wirkung hat, daß die Hochwasser höhere Ueberschwemmungen erzeugen, die Mittelwasser massiger und schneller abfließen und die Niederwasser mehr sinken, mithin das Grundwasser des Stromgebiets tiefer hinabgeht, nach, als vor der Regulirung derselben, und demgemäß die Landescultur einmal durch höhere, häufigere und längere Ueberschwemmungen, das andere Mal durch intensivere, häufigere und längere Dürren geschädigt wird; da ferner durch dieselbe die Schifffahrt nicht gefördert, sondern beeinträchtigt wird, so fragt es sich — zumal die Differenz zwischen Hoch- und Niederwasser, so lange man nicht für Wiederherstellung der noch vorhandenen Wassermagazine über und unter Tage und für Neubildung solcher in genügender Weise Sorge trägt und sie zur Aufspeicherung des Wassers zweckmäßig benutzt, von

Jahrzehnt zu Jahrzehnt größer wird — ob diese Flußbauweise das richtige Mittel bietet, daß aus der Wassermasse, welche die Gesammtheit der atmosphärischen Niederschläge des ganzen Jahres für das Stromgebiet liefert, der nachhaltigste Nutzen für Landwirthschaft, Industrie, Handel und Schifffahrt gezogen werde?

„Durch vorstehende Betrachtungen dürfte nachgewiesen sein, daß die „Flußregulirung im engsten Sinne" ein irrationelles Verfahren ist."

Der Verfasser will hiermit sagen, daß jede Fluß- oder Bachregulirung im engsten Zusammenhange mit den im zugehörigen Stromgebiet vorhandenen Cultur- und Wasserverhältnissen erwogen und so zu sagen vom Kamme des Gebirges oder von der Quelle ab, auch die den allgemeinen Cultur-Zwecken entsprechende Ausdehnung von Wald-, Getreide- und Grasland hierbei in prüfende Erwägung gezogen werden muß. Es ist dieses ein großartiger hydrotechnischer Culturgedanke, welcher, wie auch Markus am Schlusse seiner bereits genannten Schrift über „Die landwirthschaftlichen Meliorationen in Italien" sagt, in den Combinationen der ausgezeichnetsten Ingenieure dieses Landes seither unberücksichtigt geblieben ist.

Es ist vorstehend bereits bemerkt worden, daß wir in dieser Zone die meisten Mühlen und sonstige industrielle Anlagen vorfinden, welche das vorhandene Wasser meist als Triebkraft benutzen, und es dürfte daher am Platze sein, auch über die Regelung der Wasservertheilung zwischen Industrie und Landwirthschaft eine Betrachtung anzuknüpfen.

Die fortschreitende Entwickelung des wirthschaftlichen Lebens auf dem Wege der friedlichen Arbeit muß jedem Bürger des Staates am Herzen liegen. Dieses ist namentlich in allen denjenigen Gemeinden wünschenswerth, wo das Wasser des Dorfbaches theils zum Betriebe des Müllereigewerbes, theils zur Bewässerung der Wiesen benutzt wird.

Die Mühlenbesitzer möchten hier in erster Linie die Hand zu einer friedlichen Ausgleichung bieten, denn da sie selbst meist Landbesitzer sind, so können sie sich der Erkenntniß nicht verschließen, daß während der Sommermonate die Benutzung des Wassers unserer Bäche zur Unterstützung und Vermehrung des Futterbaues nicht nur für den benachbarten Landwirth, sondern thatsächlich für das allgemeine Volkswohl nothwendiger und zugleich vortheilhafter zu verwerthen ist, als zum Mahlen von Getreide.

Dieselben werden also um so eher ihr Wasser zur Anfeuchtung der in der Sonne verschmachtenden Feldfluren hergeben können, wenn sie für die Zeit, wo ihre Mühlen feiern, nach Recht und Billigkeit für den zeitweisen Wasserverlust entschädigt werden.

Es kommt hierbei Alles auf eine richtige Eintheilung der Zeit an, in welcher das Wasser, theils von den Landwirthen, theils von den Müllern benutzt wird.

Wie wenig Wasser aber unter Umständen dazu erforderlich ist, eine Vermehrung des Futters eintreten zu lassen, wenn das vorhandene Wasserquantum auf Grund einer vernünftigen Vereinbarung zwischen dem Müller und dem Landwirth getheilt wird, das zeigt uns folgendes Beispiel:

In Föhra bei Erfurt, in der Provinz Sachsen, benutzt der Besitzer des dortigen Rittergutes, Herr v. Hennig, je nach Umständen und gegen entsprechende Entschädigung des Pächters der Mühle, das Wasser des dortigen Mühlgrabens, alljährlich dreimal 10 bis 12 Tage, um seine 300 Morgen Stauwiesen damit zu bewässern (er benutzt das sehr fruchtbare Wasser gleichzeitig zur Düngung, indem er dasselbe ca. 50 Centimeter über die Fläche der einzelnen Polder anstaut), wodurch es ihm möglich geworden, daß er jährlich und durchschnittlich 15 000 Centner trockenes Futter, also genug zur Unterhaltung von 150 Stück Rindvieh auf einer Fläche erntet, wo früher in trockenen Sommern fast gar nichts gewachsen war. — Ich sah diese Anlagen im August 1869 und fand die nicht bewässerten Flächen vollständig von der Sonne ausgebrannt; hingegen war der zweite Graswuchs auf den gewässerten Flächen bereits wieder ca. 60 Centimeter lang und so dicht gewachsen, daß ein Fortbewegen darin nur mit Anstrengung möglich war. — Und so giebt es sicher noch viele ähnliche kleinere oder größere Beispiele, welche Jedermann in seiner Nähe selbst beobachten kann, wenn er sich nur die Mühe dazu giebt.

In gleicher Weise sollen aber auch die Landwirthe zu der Einsicht gelangen, daß sie während der Sommerzeit nur auf das nothwendigste Maß von Wasser Ansprüche haben, welches erforderlich ist, um den Boden im Interesse der Vegetation frisch zu erhalten. Ich trenne hier die Anfeuchtung von der Berieselung, welche letztere nur dort auch während der Vegetationszeit sich zur Anwendung empfehlen läßt, wo ohne Schädigung des Mühlengewerbes ein genügendes Wasserquantum dazu vorhanden ist. Ueber die Bewirthschaftung der Wiesen nach Lage, Boden und Wasserverhältnisse, habe ich zur Erläuterung dieses Gegenstandes eine specielle Abhandlung veröffentlicht.*)

Für das Elsaß hat Boussingault in der „Enquête agricole" zur Anfeuchtung des Bodens, außer dem durchschnittlichen Regenfall, während der Vegetationszeit (ca. 43 Centimeter) pro Hectar einen Beitrag von 4500 Cubikmeter Wasser berechnet, um eine gute Mittelernte zu erzielen. — Der Ausfall unserer Ernten ist also thatsächlich von den Zufälligkeiten eines größeren oder geringeren Regenfalles während der Vegetationsperiode abhängig.

Wo die Landwirthe sich aber während dieser Zeit nicht auf die Anfeuchtung ihrer Wiesen beschränken und den zum Ertrage der Ernten nothwendigen Dünger denselben nur in dem im Wasser enthaltenen Schlamm zuführen wollen, da werden sie, wie dieses schon am anderen Orte gesagt wurde, die 20= bis 40fache Wassermenge verwenden müssen; abgesehen davon, daß derartig gewässerte Wiesen, denen die erforderliche Vorfluth im Boden, zur schnellen Ableitung des überflüssigen Wassers fehlt, schon oft in wenigen Jahren zu „künstlichen Sümpfen" umgewandelt sind, auf welchen das gewachsene Futter, wie bekannt, nur einen geringen Nahrungswerth hat.

Ganz ähnliche wirthschaftliche Vortheile und Nachtheile sind bei der Anlage oder dem Vorhandensein von Wassertriebwerken in ebenen Terrainlagen in Erwägung zu ziehen. Da hört man namentlich in neuerer Zeit nur zu oft über die Expropriation von Mühlen ꝛc. reden, wo ein Abbruch derselben große volkswirthschaftliche Nachtheile im Gefolge haben würde, dahingegen durch eine

---

*) Siehe Toussaint. „Die landwirthschaftliche Wasserfrage." Heft I. Seite 90. Prag 1878, Calve'sche k. k. Hofbuchhandlung.

vernünftige Theilung des Wassers zwischen Industrie und Landwirth=
schaft oft ganz enorme Vortheile für beide Theile zu erreichen
wären.

Die Grenze, wo mit Rücksicht auf das abnehmende Terrain=
gefälle der Nutzen, welchen die Wasserkraft für industrielle Zwecke
gewährt, aufhört und die Verwerthung des Wassers für Bewässe=
rungszwecke im Interesse der Futterproduction vortheilhafter erscheint,
ist schwer zu bestimmen, weil sie ganz von den vorliegenden localen
wirthschaftlichen Verhältnissen abhängt. Im Großen und Ganzen
dürfte sie dort zu suchen sein, wo der Bach in die der Hochwasser=
überfluthung noch ausgesetzte Niederung des Hauptstromes eintritt
und wo das Gefälle desselben auf jeden Kilometer Länge nur noch
einen Meter beträgt, sich also mit 1 : 1000 berechnet.

Aber selbst unter diesen Verhältnissen, wie sie thatsächlich noch
an vielen Bächen und so namentlich auch in Lothringen zu finden
sind, können durch Anlage eines Wehres für Industrie und Land=
wirthschaft noch sehr bedeutende Vortheile erzielt werden, wenn eine
friedliche Theilung und ökonomische Benutzung des Wassers unter
den Interessenten vereinbart wird.

Jedes selbst in einer Niederung liegende Wehr bietet uns
nämlich drei große wirthschaftliche Vortheile, und zwar diese: Erstens
gestattes es die Ausnutzung einer vorhandenen Wasserkraft, zweitens
bietet es die Möglichkeit zur künstlichen Bewässerung der unterhalb
desselben an den Bach grenzenden Feld= und Wiesenfluren, und
drittens gewährt es die Vorfluth zur Entwässerung des oberhalb
an den Mühlbach grenzenden Terrains.

Der Landwirth betrachte hier die gewöhnlich erst durch die
Anlage des Wehres verursachte Inundation der oberhalb liegenden
Ländereien als keinen Nachtheil, wenn die Möglichkeit zur
genügenden Entwässerung derselben mit Hilfe der Drai=
nage gegeben ist. In diesen Fällen wird dann, bei Lehm= oder
Thon=Unterlage, durch Anwendung des Petersen'schen Drainir=
systems und bei durchlassender Kiesunterlage, mit Hilfe der
Rimpau'schen Grabenmethode selbst noch das schädliche Druck=
wasser im Interesse eines besseren Wachsthums der angebauten
Culturpflanzen, durch Einsetzung weniger Stauschleusen in trockenen

Sommern eine sehr nützliche Verwendung finden. Man sollte diese Vortheile im Interesse einer gesteigerten Production von Sachgütern niemals übersehen oder zu gering anschlagen, in jedem Falle aber alle derartigen Cultur-Unternehmungen nur in dem Sinne der größten Wassererſparung und bestmöglichsten Benützung desselben auszuführen bestrebt bleiben. — Dieses gilt namentlich auch für alle auf Staatsdomänen auszu‚ührende Meliorationen.

Es dürfte sich empfehlen, diesen wichtigen Gegenstand, welcher eine gemeinſame Benutzung des Wassers unserer Bäche für inbu⸗ strielle und landwirthſchaftliche Zwecke auf Grund genossenschaftlicher Vereinbarungen zum Ziele hat, in eingehendſter Weise weiter zu erörtern, um ihn sozusagen volksthümlich zu machen.

Eine der vornehmsten Aufgaben der Vorstände unserer land⸗ wirthſchaftlichen Korporationen wird es also sein, auch die Wasser⸗ frage in Verbindung mit den Verwaltungsbehörden und den Ver⸗ tretern des Volkes eingehend zu ſtudiren, um sie je nach Lage der Verhältnisse mit Hilfe entsprechender Gesetze oder geeigneter Sub⸗ ventionen möglichſt nutzbringend für die Gesammtintereſſen des Staates zu verwerthen.

Die wasserrechtlichen Entscheidungen der Gerichte, auf welche die Intereſſenten es gewöhnlich ankommen laſſen, sind nicht nur außerordentlich koſtſpielig, sondern es fehlt denſelben in den meisten Fällen auch an positiven wirthſchaftlichen Grundlagen und Erfah⸗ rungsſätzen. — Man begnügt sich daher, weil dieselben sehr schwer feſtzuſtellen sind, mit Experten, welche bei vorkommenden Wasser⸗ prozeſſen sich über eine zu leistende Entschädigungsſumme einigen, die aber für gewöhnlich keinen der streitenden Intereſſenten zu⸗ friedenſtellt.

Ueber diesen Gegenstand habe ich im Heft I Seite 120 meiner Schrift über „die landwirthſchaftliche Wasserfrage" (Prag 1878) eine eingehende Berechnung und auch die Grundſätze veröffentlicht, welche von Seiten der Juriſten in Frankreich in derartigen Fällen als maßgebend zur Befriedigung der wasserberechtigten Müller beobachtet werden. Die daselbſt gemachten Mittheilungen beziehen sich speciell: 1. Auf allgemeine techniſche und juridiſche Grundſätze, 2. auf die Berechnung des Werthes eines Cubikmeters Betriebs⸗

waſſer in 24 Stunden, und 3. auf Berechnung der verbrauchten Waſſermenge in 24 Stunden nach aufgeſtellten Formeln.

Die Praxis hat jedoch hierbei ergeben, daß die geſetzlich zuläſſige Expropriation mit Anwendung allgemeiner Grundſätze entſchieden ſchneller und ſicherer zum Ziele führt, als auf Grund von Ermitte= lungen über Werth und Waſſermenge nach vorliegenden localen Verhältniſſen, bei welchen bekanntlich die Individualität der be= treffenden Beſitzer das eigentlich ökonomiſche Werthobject iſt.

Die größten Vortheile für die Intereſſenten gewähren ohne Zweifel die Waſſer=Genoſſenſchaften, wenn ſie auf den Umfang ganzer Thäler oder Bachgebiete ausgedehnt werden, ſie ſind daher als das Ziel zu betrachten, welches die Land= und Volks= wirthe und hier in erſter Linie die Beſitzer von Mühlen und Fa= briken niemals aus den Augen verlieren ſollten.

Ich ſchließe an dieſe allgemeinen Betrachtungen eine ſpecielle Studie über den in dieſe Zone fallenden Fiſchereibetrieb.

b. Die Förderung der Fiſchzucht in Bächen und Teichen.

Die geſetzliche Thätigkeit in der Ausübung der Fiſcherei be= ſchränkte ſich im Anfang dieſes Jahrhunderts im Weſentlichen auf den Erlaß von Fiſcherei=Polizei=Verordnungen. Dieſelben genügten auch in ſofern es ſich darum handelte, die geſetzlichen Rechte der Fiſchereiberechtigten zu ſchützen, aber ſie haben es nicht verhindern können, daß trotz der außerordentlichen Fruchtbarkeit der Fiſche der bisherige Fiſchreichthum aus unſern Bächen verſchwunden und die Bevölkerungen damit eine nicht unwichtige Nahrungsquelle verloren haben. In neuerer Zeit iſt man beſtrebt geweſen, dieſem Mangel durch Geſetze über die Schonzeit der Fiſche Abhilfe zu gewähren, aber die Praxis hat ergeben, daß der rapiden Ent= völkerung der Flußläufe auch dadurch nicht Einhalt geboten werden konnte.

Um eine geregelte Pflege der Fiſcherei, alſo eine Fiſcherei= Wirthſchaft in den öffentlichen Bächen eines Landes zu unter= halten, iſt es nöthig, daß die Verpachtungs=Reviere, ähnlich den einzelnen Jagdrevieren, namentlich auch nach der naturgemäßen

Oekonomie der dominirenden Fischgattungen festgestellt werden. Diese Verpachtungsreviere sind in den Grenzen der Flußgebiete von den Quellen ab mit Hilfe einer hydrographischen Karte zu bestimmen und in ein amtliches Fischereiregister mit den Verpachtungsbedingungen einzutragen.

Eine sehr wesentliche Bedingung zur Hegung und Vermehrung der Fische ist auch die Feststellung einer angemessenen Größe des Pachtreviers. — In jedem Fall müssen die Grenzen derselben den Lebens- und Vermehrungsbedingungen der darin zu hegenden Fische möglichst angepaßt werden, und sind Wünsche, welche mit den politischen Grenzen von berechtigten Privaten und Gemeinden in Beziehung stehen, erst in zweiter Linie zu berücksichtigen.

Es werden nach Feststellung größerer Verpachtungsreviere Fischerei-Genossenschaften entstehen, gleich wie es heute bereits Jagd-Genossenschaften giebt; in den Grenzen der Gebirgswaldungen dürfte es jedoch schon im Interesse des Schutzes zweckmäßig erscheinen, die Pachtungen vornehmlich an die angestellten Forstbeamten zu vergeben.

Die Verpflichtung des Pächters zur Ausführung von Maßnahmen, durch welche die Wiederbevölkerung der Bäche mit Fischen möglichst gesichert wird, dürfte als ein Hauptgrundsatz festzuhalten sein. Die Praxis hat sich dieses Mittels auch bereits bedient, wo z. B. wie in Norddeutschland und in Oesterreich, größere Grundbesitzer über zusammenhängende Fischereireviere verfügen. Auch müssen die Fischbrutanstalten der Pächter und die alljährliche Einsetzung von junger Fischbrut der Controle der Verwaltungsbehörden unterworfen bleiben; ebenso sind die Pächter zu einer regelrechten Buchführung über die Anzahl der eingesetzten und der gefangenen Fische wo möglich mit Angabe der Gattungen zu verpflichten. Diese Bestimmung hat den Zweck, um auf Grund derselben mit der Zeit eine der Größe des Pachtrevieres angemessene Fischerei-Wirthschaft einrichten zu können.

Bei Aufstellung von Verordnungen über die Verpachtung der Fischerei in den fiscalischen Gewässern dürfte es sich daher empfehlen, folgende Grundgedanken in Erwägung zu ziehen:

1. Die Verpachtungsreviere müssen mit den zugehörigen Gräben,

Teichplätzen und Wasserläufen eine Ausdehnung erhalten, durch welche die Hegung der Fischbrut möglichst erweitert wird.

2. Die Verpachtungen sollen nicht unter zehn Jahren und zwar nur an Personen vergeben werden, welche entweder das Fischereigewerbe erlernt haben, oder sonst eine genügende Garantie dafür gewähren, daß sie die Pflege der Fischzucht verstehen.

3. Die Fischereipächter sind zu verpflichten, daß sie entweder selbst Brutanstalten zur Nachzucht der hauptsächlichsten Fischgattungen ihrer Pachtreviere unterhalten, oder alljährlich eine im Contract speciell zu bezeichnende Anzahl von Fischbrut zu diesem Zweck aus bekannten Fischbrutanstalten beziehen.

4. Die gesetzlich bestimmten Schonreviere sind von Seiten der Verwaltungsbehörden durch Aufstellung von Warnungstafeln örtlich zu bezeichnen.

5. Die Ausübung der Fischerei in den öffentlichen Gewässern ist nur gegen Lösung eines von der Verwaltungsbehörde ausgestellten Fischereischeines zu gestatten.

Auch dieser nutzbringende Zweig der Volkswirthschaft ruht heute noch in der Kindheit, wir dürfen jedoch hoffen, daß neues Leben und frisches Gedeihen sich zeigen wird, wenn die freie Entwickelung von Handel, Industrie und Landwirthschaft in den größeren Staaten mehr und mehr in die Hände der Provinzialverwaltungen übergegangen sein wird.

Anschließend an diesen Abschnitt nehme ich noch Gelegenheit, auf die Einrichtung einer künstlichen Forellenzucht in der Oberförsterei Zabern im Unterelsaß aufmerksam zu machen, welche daselbst von dem Oberförster Lasseaux speciell zu dem Zweck unterhalten wird, um sein Pachtrevier in naturgemäßer Weise regelmäßig und nachhaltig mit jungen Forellen zu befruchten. Die an diesem Orte erzielten Resultate sind ganz außerordentliche und dürfte sich die daselbst angewendete Methode, welche ich in Nr. 19 der „Deutschen landwirthschaftlichen Presse" pro 1877 durch Zeichnung und Beschreibung sehr eingehend erläutert habe, für die meisten Gebirgswaldungen wohl empfehlen lassen*).

---

*) Auf der großen Fischerei-Ausstellung zu Berlin war die im Forstrevier Zabern angewendete Methode nicht vertreten.　　　　　D. V.

Ueber die Ursachen und Wirkungen der Vernachläs=
sigung unserer ehemaligen Teichwirthschaften, welche in
der Getreidezone liegen, bringe ich einen Auszug aus einer Ab=
handlung, welche von Dr. Böhme, einem renommirten Landwirth
und Karpfenzüchter in der preußischen Oberlausitz, in den von
W. Korn in Breslau herausgegebenen landw. Jahrbüchern pro 1874
veröffentlicht worden ist. Es heißt daselbst:

„Die während der letzten Decennien vielfach ausgeführten Regu=
lirungen wasserreicher Flußgebiete und die damit oft zusammen=
hängenden Umwandlungen bedeutender Wasserreservoire in trockene
Ländereien, ferner die oft gerügte und übertriebene Aus=
robung der Wälder, haben die gesammten Wasser= und nament=
lich die Grundwasserverhältnisse Norddeutschlands so wesentlich
geändert, daß die Ansicht wohl kaum eine übertriebene genannt
werden darf, welche die von Jahr zu Jahr zunehmende Veränderung
unserer atmosphärischen Erscheinungen wenigstens zum Theil aus
dieser allgemeinen Entwässerung herzuleiten glaubt. In Sandgegenden
— also der eigentlichen Heimath der Teiche — kommt noch die
vielfach vorgenommene Trockenlegung dieser Teiche selbst, hervorge=
gangen aus der in jenen armen Gegenden bedeutend in Aufnahme
gekommenen Brennereibetriebe und damit zusammenhängenden aus=
gedehnten Kartoffelbau. Der Beginn dieser Trockenlegung von
Teichen datirt aus einer Zeit, wo die Fischpreise sehr niedrig standen.
Es wurde bei gesteigertem Brennereibetriebe ein Teich nach dem
andern geopfert*). Den enorm gesteigerten Fleischpreisen folgte bald
eine Erhöhung der Fischpreise und der durch die Eisenbahnen er=
heblich erleichterte Transport hat die Verhältnisse so wesentlich ge=
ändert, daß, während die Landwirthe noch vor 20 Jahren ihre
Karpfen für 6 bis 8 Thaler pro Centner auf 5—6 Meilen Ent=
fernung zur Stadt fuhren, ihnen heute von den Fischkäufern die
Karpfen für 20 bis 24 Thalern pro Centner auf dem Gute abge=
nommen werden. Eine solche Aenderung der Conjuncturen, für
deren Rückschlag kaum Aussichten vorhanden sein dürften, läßt uns

---

*) Auch die Separationen von Gemeindeländereien und die Ablösungen
alter Weidegerechtigkeiten haben das Eingehen vieler sogenannter „Luge" zur
Folge gehabt. Der Verfasser.

5

die Frage in prüfende Erwägung ziehen, ob es nicht zweckmäßiger wäre, die Wiesen oder Aecker, welche ehemals als Teiche benutzt wurden, wieder als Teiche zu bewirthschaften?

Mit dem Fortschreiten der landwirthschaftlichen Cultur hat jedoch, aus den oben dargelegten Ursachen, der Wassermangel sich bereits sehr wesentlich gesteigert, so daß diese Umwandlung in Teiche, wollte man sie auch acceptiren, sich überall nicht mehr aus= führen läßt. Denn zur rationellen Unterhaltung eines Karpfen= teiches gehört ein sehr bedeutender regelmäßiger Wasser= zufluß, und zwar berechnet Dr. Böhme auf eine Fläche von 25 Are für die Strichteiche 1 Liter, für die Streckteiche 2 Liter und für die Mastteiche 3 Liter pro Sekunde.

Kalkführendes Wasser oder Abflüsse aus technischen Gewerben sind Gift für die Fische. Auch ist der Grund und Boden von großem Einflusse auf die Rentabilität derselben. Armer Sand= und Torfboden geben arme, magere Teiche; Lehm und Thon geben den doppelten, dreifachen Ertrag. — Die Anzahl der einzusetzenden Fische, also des Besatzes, muß sich darnach richten und schwankt dem= nach sehr. Man setzt z. B. pro 25 Are vom Strich 300 bis 1000, vom zweijährigen Samen 120 bis 300, vom dreijährigen Samen 60 bis 120 und vom vierjährigen Samen 25 bis 50 Stück. Ent= scheidend ist hierbei auch der Graswuchs, der durch zeitweilige Be= stellung der Teiche mit Hafer bedeutend verbessert wird.

Aus der sehr eingehenden Rentabilitätsberechnung des Dr. Böhme über die Teichwirthschaften in der Oberlausitz ergeben sich folgende Reinerträge pro Jahr und Hectar:

Classe 1. Vorzügliche Teiche. Der Boden ist Thon oder Lehm, der Graswuchs bedeutend, genügender und stets ausreichender Zufluß fließenden Bach= oder mit Nahrungsstoffen geschwängerten Feldwassers, sonnige Lage ohne Mangel an Schatten und genügende Tiefe mit flachen Rändern: 216 Mark.

Classe 2. Gute Teiche. Die Verhältnisse sind den obigen ähnlich, nur unter Zurücktreten der günstigen Bedingungen: 144 Mark.

Classe 3. Mittlere Teiche. Boden meist sandig oder torfig und alle sonstigen Bedingungen der guten Teiche zurücktretend: 66 Mark.

Classe 4. Schlechte Teiche. Boden ist Sand oder Torf, Zufluß von Wald= oder Quellwasser, Grasmuchs unbedeutend: 30 Mark.

Aus diesen der Praxis entnommenen Berechnungen geht hervor, daß die Karpfenzucht, wenn sonst die Bedingungen günstige sind, sich wirthschaftlich wohl noch an vielen Orten rechtfertigen oder zur Einführung empfehlen läßt, wenigstens zu einem recht guten Neben= gewerbe führen kann.

Die Anlage von Fischteichen, namentlich wenn dieselben, wie z. B. in Lothringen, eine große Ausdehnung erhalten, wo der in der Nähe von Dieuze befindliche Lindenweiher (lac de lindre) eine Fläche von 600 Hectaren umfaßt, hat jedoch auch ihre Nach= theile im Gefolge, weil sie Inundationen und Fieberepidemien ver= ursachen. Diese Uebel lassen sich jedoch mit Hilfe der Culturtechnik leicht abwenden, wenn die kleineren Weiher in ihren Grenzen ein= gedämmt und die die größeren in verschiedene Abtheilungen gebracht und systematisch bewirthschaftet werden. Außerhalb der Dämme sind in diesem Falle tiefe Gräben zur Ableitung der Druck= oder Grundwasser anzulegen, deren natürliche Vorfluth unterhalb der Haupt=Schleusen gesucht werden muß, vermittelst welchen das Wasser in den Teichen angestaut und abgelassen werden kann. Die Wasser= zuführungen werden durch Anlage einfacher Ueberführungen über den Entwässerungsgraben sicher gestellt*). In jedem Falle dürfte es sich empfehlen, die Anlage von Weihern und Teichen im speciell volks= wirthschaftlichen Interesse in eingehende Erwägung zu ziehen, wo sich Boden=, Terrain= und Wasserverhältnisse dazu eignen, und die ländlichen Arbeiter, wie dieses z. B. auch in Lothringen der Fall ist, theuer und in nicht genügender Anzahl zur Ausführung einer intensiven Bodencultur vorhanden sind. Ebenso in den östlichen Provinzen des deutschen Reiches längs der russischen Grenze, wo der Getreidebau theuer und wegen der klimatischen Verhältnisse auch unsicher ist.

Ferner dürfte allerorts die größte Vorsicht anzuempfehlen sein,

---

*) Vergl. Toussaint: „Deutsch=Lothringen und sein Ackerbau". S. 22. Metz 1875.

wo die Gefahr vorliegt, durch die Ausführung von Bachcorrectionen in dieser Zone das Grundwasser so tief herabzusenken, daß während der Vegetationszeit das Wachsthum der Culturpflanzen in den anliegenden Feldern dadurch beeinträchtigt wird. In der Lausitz, wie schon bemerkt wurde, eine der ergiebigsten Fischgegenden von ganz Deutschland, sind in Folge der mit der Separation in Verbindung ausgeführten Flußregulirungen, namentlich der Elster, ca. 60 bis 70 % der ehemaligen Teiche wegen Wassermangel verschwunden. In ähnlicher Weise ist das ehemals ziemlich versumpfte Thal der Unstrutt bei Wiehe in der Provinz Sachsen, durch einen Entlastungskanal so entwässert worden, daß während der Sommermonate das Wachsthum der Pflanzen in einem ziemlich umfassenden Umfange daselbst ganz aufhörte. Man hatte diese Bäche regulirt, ohne genügende Rücksicht auf die bestehenden ökonomischen Verhältnisse zu nehmen, welche in diesen Fällen auch durch eine weise Benutzung des Grundwassers als Mittel zur Anfeuchtung der in Cultur zu nehmenden Flächen erzielt werden können, und die Folge davon war, daß der Grundwasserspiegel in dem Umfange ganzer Thäler um 30—50 Centimeter gesenkt worden ist, was, wenn (wie z. B. im Thale der Unstrut), die Oberschichte des Culturlandes aus Moorboden besteht, einer absoluten Trockenlegung gleichzuachten ist. In der That, diese Erfahrungen haben offenbar zur Folge gehabt, daß man in neuester Zeit auch in Preußen die Heranbildung und Anstellung von Specialtechnikern ernstlich ins Auge gefaßt hat, welche die Interessen des Landbaues bei der Vertheilung und Benutzung des Wassers zu vertreten haben. Wir sind jedoch der Meinung, daß auch diese Maßnahmen erst dann zu einer gewissen Vollkommenheit gelangen werden, wenn, nach dem Beispiele des Canton Aargau in der Schweiz, auch permanent fungirende technische Flur-Commissionen eingesetzt werden, welche die Projecte und Arbeiten der Meliorations-Ingenieure, in sofern sie ein allgemeines Landesculturinteresse haben, dauernd zu controliren und sich auch über die Abholzung oder den Anbau von Waldflächen 2c. gutachtlich zu äußern haben, ehe die hierzu erforderliche Erlaubniß an Private oder Gemeinden ertheilt werden kann.*)

---

*) Flurgesetz im Canton Aargau vom 23. April 1876.

Dr. Böhme spricht sich am Schluß seiner oben angezeigten Schrift über diesen Gegenstand wie folgt aus: „Mir scheint, die Regierung müßte, ebenso wie man die Forstculturen mit wachsamem Auge controlirt, auch anfangen über die von Jahr zu Jahr zunehmende Entwässerung feuchter Gegenden zu wachen, und nicht ohne genaue Untersuchung des Einflusses, den solche Gegenden auf die Fruchtbarkeit eines weiten Umkreises ausüben, diese sogenannten Meliorationen gestatten. Was für Tausende von Morgen ein Segen werden soll, wird unter Umständen für Hunderttausende von Morgen ein Fluch!" Der Verfasser ist also der Meinung, daß die Ernten wegen Mangel an genügender Bodenfeuchtigkeit während der Vegetationsperiode sich bereits auf weite Flächen des in Cultur gelegten Landes vermindern müssen, und ich muß nach den von mir in vielen Gegenden Deutschlands in der Getreidezone gemachten Beobachtungen seinen Worten meinen vollen Beifall zollen.

C. Die Zone des Tieflandes.

Zur Zone des Tieflandes gehören die Flußthäler der großen Ströme, in so weit die Ueberschwemmungen durch die Hochwasser derselben reichen und ein gleichmäßiger Grundwasserstand unter der Oberfläche der allgemeinen Terrainlage hierdurch bedingt ist. Diese doppelten Voraussetzungen in der Bestimmung der Zone des Tieflandes liegen fast genau in denselben örtlichen Grenzen. Das hierzu gehörige Terrain gehört theils dem Diluvium, theils dem Alluvium an, und sind es gerade die fruchtbarsten Fluren, in welche, ihrer ebenen Lage entsprechend, seit Jahrtausenden sich der befruchtende Schlamm abgelagert hat, welchen die Hochwässer bringen.

Durch die Anlage der Deiche, wodurch man von dieser Zone die alljährlichen Ueberschwemmungen abwenden wollte, welchen die die Bewohner dieser Fluren fortwährend ausgesetzt blieben, hat man diese Gefahren entschieden vermehrt, wie dieses auch aus dem vorstehend angezeigten einstimmigen Beschluß des deutschen Landwirthschaftsrathes hervorgeht, weil die Flußbetten und das zugehörige Vorland sich im gleichen Verhältniß und zwar schneller, als dieses ohne die Deiche geschehen konnte, erhöht und das hinter den letzteren liegende Terrain versumpft haben. Die in den letzten Jahren stattgefundenen Deichbrüche an der Weichsel, der Elbe, dem Rhein, der Oder und der Theis haben diese Annahme in einer sehr eindruckvollen Weise bestätigt*).

Es dürfte in Erwägung zu ziehen sein, ob es sich nach den auf Erfahrung begründeten Vorschlägen von Dieck empfiehlt, einen entsprechenden Raum für die Hochwässer zu lassen an den Ufern der Ströme in allen Niederungen, und erst den Anbau von menschlichen Wohnungen zu gestatten, wo die zerstörende Gewalt derselben nicht mehr hindringt. In diese wasser= reichen Vorlande, welche gegen das angebaute Land hin in schon ansteigendem Terrain durch mäßige Deiche einzugrenzen sind, ist nur Gras und Holz anzubauen, und der Fluß in großen Serpentinen und theilweiser Anbringung von Schleusen und Nadelwehren so zu führen, daß nur ein mäßiges Gefälle die dauernde Befahrung des= selben mit Schiffen oder Kähnen ermöglicht. Diese Gedanken sind zu vergleichen mit den Vorschlägen, welche ich nachfolgend über die Anlage von Poldern mit Beifügung einer Skizze im Interesse einer geregelten Gras= und Holznutzung gemacht habe und wozu der große Mangel an Futter, welcher durch die einseitige Aufführung der Deiche sich wesentlich vermehrt hat, mich namentlich bestimmt.

Eine recht verdienstliche Aufgabe der Statistik dürfte es sein, im Umfang des deutschen Reiches zu erforschen, ob die etatsmäßig aufgewendeten Kosten zur Aufführung und Unterhaltung der Deiche in den großen Flußniederungen, und die Summen, welche dem Nationalwohlstande bei Deichbrüchen durch Zerstörung von Feld= fluren entrissen worden, in einem wirthschaftlichen Verhältniß zu den Vortheilen stehen, welche durch die corrective Wasserleitung der großen Ströme angestrebt werden? In jedem Falle soll man das Gute, was die Hochwässer bringen, benutzen lernen und gleichzeitig deren zerstörende Kraft zu zügeln verstehen, wie dieses durch die An= lage von Poldern erzielt werden soll.

Ein sehr wichtiger Factor in den Niederungen der großen Ströme ist der mittlere Stand des Grundwassers unter

---

*) Vergl.: „Flußregulirungen und Deichbauten" von A. Dieck. Wies=
baden 1879.

der Oberfläche des Terrains während der Vegetationszeit, und da dieser Gegenstand in der Literatur noch wenig erörtert worden ist, so will ich versuchen, mich so eingehend wie möglich darüber zu äußern, weil die Maßnahmen zur Ausführung von Meliorationen, wenn sie gelingen sollen, in einem directen Zusammenhang damit gedacht werden müssen.

Die Quellenbildungen am Fuß der Gebirge und die oft massenhafte Ansammlung des Grundwassers in den Flußniederungen lassen sich nach den Ermittelungen der Wissenschaft und den in der Technik gemachten Erfahrungen wie folgt feststellen:

Jede Quelle, selbst die thermischen nicht ausgeschlossen, verdankt ihren Ursprung den meteorologischen Niederschlägen.

Nur derjenige Theil derselben, welcher nach Abzug des oberflächlich abfließenden und verdunsteten Wassers in das durchlässige Terrain einsickert, wird zur Quellenbildung verwendet. Wird nun das einsickernde Wasser auf seinem Wege nach abwärts in den durchlässigen Schichten durch eine undurchlässige Gesteins- oder Thonschicht in seinem Laufe aufgehalten, durch Gesteinsfalten und -Klüfte im Untergrunde gesammelt und tritt dann zu Tage, so nennt man das zu Tage tretende Wasser eine Quelle. — Ganz dieselben Ursachen liegen zum Grunde, wenn z. B. nach starken Regenjahren in Folge Erhöhung des Grundwasserstandes, sogenannte „Hungerbrunnen" in der Getreidezone zu Tage treten und oft ganze Feldfluren inundirt werden.

Ist jedoch diese wasserdichte Schicht überall von durchlässigem Terrain überlagert, wie dieses z. B. in der elsassischen Rheinebene meistens der Fall ist, so setzt das Wasser auf ihr ganz ebenso seinen Lauf fort, wie ein sichtbarer oberirdischer Bach auf seiner Sohle und in seinen Ufern fortfließt.

Befindet sich nun der Fuß eines Gebirges in einer mit mächtigen quartären und novären Bildungen angefüllten Thalebene, so werden die Wasserströme sich in diese ergießen, und man pflegt sie dann mit dem Namen Grundwasser zu bezeichnen. Zwischen sochem Grundwasser und Quellwasser ist also, so lange keine Verunreinigung des Grundwassers stattfindet, durchaus kein qualitativer, sondern nur ein mechanischer Unterschied. Es bleibt sich also vollkommen gleich, ob das Eröffnen einer Quelle von der Natur besorgt wird, oder ob es durch künstliche Mittel, also z. B. durch Hilfe von Pumpen, Rohr- oder Ziehbrunnen geschieht.

Verfolgen wir nun den Weg des Grundwassers, so finden wir, daß derselbe von der Beschaffenheit des Untergrundes abhängig ist.

Ist die Thalsole schmal, und befindet sich in ihr ein Fluß, so wird der Untergrundstrom von seiner zum Flußlaufe im Allgemeinen ziemlich senkrechten Richtung wenig abgelenkt, ergießt sich in den meisten Fällen in Form von wenig bemerkbaren Wasserfäden in den Fluß und trägt zur Vermehrung des Wasserreichthums desselben bei. Dies ist die Ursache der Wasserzunahme vieler Bäche und Flüsse, ohne daß man einen sichtbaren Nebenfluß nachzuweisen im Stande ist. Ist dahingegen die Thalsole breit, so wird der Unter=grundstrom von seiner ursprünglichen Richtung abgelenkt und folgt mehr der Richtung der Thalsole, wird also parallel der Richtung des sichtbaren Stromes.

Gleich von vornherein findet dieses statt, wenn die Thalsole sehr breit ist und ein großes Niederschlagsgebiet hat, das Grund=wasser sich auf ihr also größtentheils selbst erzeugt und nicht, wie wir eben angenommen haben, von den Abhängen des angrenzenden Gebirges allein herstammt. Trotz diesem Parallelismus in der Bewegung wird jedoch das Grundwasser sich in den Hauptstrom ergießen, wenn sein Niveau höher liegt, als derjenige des Flusses. Liegt also, wie durch einfaches Nivellement nachzuweisen ist, der Grundwasserspiegel höher, als der corresponirende Flußwasserspiegel, so ist damit der unwiderlegliche Beweis geliefert, daß nicht der Fluß die Alluvionen, die ihn umgeben, mit Wasser versorgt, sondern daß er umgekehrt von dem in den Alluvionen fortfließenden Wasser fremden Ursprungs gespeist wird.

Diese Betrachtungen, die wir im wesentlichen den Studien der Ingenieure Gruner und Thiem entnehmen, welche dieselben in den Umgebungen der Städte Straßburg, Leipzig, Regensburg 2c. im Interesse der Anlegung von Wasserleitungen gemacht haben, sind ohne Zweifel auch wichtig für die Förderung der Bodenkultur, weil sie einestheils irrige Anschauungen über die Ursachen von zeitweisen Inundationen in den Flußniederungen berichtigen sollen und anderer=

seits auf das Vorhandensein ganz enormer Wasserquellen führt,
welche nur der künstlichen Hebung bedürfen, um Blühen und Ge=
deihen auf allen Feldfluren trockener Flußniederungen zu
unterhalten, wenn zu deren geregelter Anfeuchtung Fluß= oder Bach=
wasser nicht zur Verfügung steht. Nur um zu zeigen, wie enorm
durch eine geregelte Anfeuchtung des Bodens die Production von
Sachgütern in derartigen Niederungen vermehrt werden kann, bringe
ich folgende Thatsache hier zur Kenntniß der Leser.

In Ungarisch=Altenburg wurden in den Jahren 1870 bis 1874
auf den Gütern des Erzherzog Albrecht größere Flächen ehemaligen
Getreidelandes, nach einer von mir gegebenen Anleitung, zum Gras=
bau mit künstlicher Bewässerung durch Grundwasser einge=
richtet und während dieser Zeit folgendes Experiment in Ausführung
gebracht: Im Anfang Juli 1872 wurden zwei nebeneinander lie=
gende Ackerflächen in der Nähe der Donau ca. 0,50 Hectar (1 Joch
österreichisch) groß, gleichmäßig bearbeitet, gedüngt und mit
Futtermais besäet. Die eine Parzelle wurde regelmäßig mit An=
feuchtungsgräbchen bewässert, und zwar so, daß sie nie ganz trocken
wurde, während die andere nur dem Einflusse der freilich im ge=
nannten Jahre sehr trockenen Witterung überlassen blieb. Die
Resultate waren staunenerregend, denn Ende des Monat August
wurden auf der ungewässerten Parzelle nur fünf Centner, da=
gegen auf der gewässerten Parzelle „zweihundert sechszehn
Centner Grünmais geerntet". — Diese Zahlen haben offen=
bar eine große volkswirthschaftliche Bedeutung, weil sie beweisen,
daß es in vielen Fällen ganz in der Hand der Menschen liegt, die
Production von Getreide und Fleisch durch die rechtzeitige Anfeuchtung
der Feldfluren sehr bedeutend zu vermehren.

Im Allgemeinen ist also der Niveaustand des Grundwassers
in den Flußniederungen von der Menge des gefallenen Regens ab=
hängig, wie wir dieses vorstehend in dem Abschnitt über „Ernte=
erträge" durch Zahlen nachgewiesen haben, so daß es also für die
Cultur= und Hydrotechniker hauptsächlich auch darauf ankommt,
die Bäche und Landgräben in ihren Profilen und Gefällen so zu
reguliren, daß nach größeren Regenfällen der Ueberfluß des, das

Wachsthum der Pflanzen schädigenden Bodenwassers aus dem Wurzel=
bereich derselben rechtzeitig abgeleitet werden kann.

Die Kanäle und die Flüsse, welche schlammreiches Wasser
führen, bilden sich mit der Zeit ein wasserdichtes Bett, so daß deren
Wasserspiegel in den meisten Fällen ganz unabhängig von dem
Stande des Grundwassers betrachtet werden können; wenigstens ist
der Abfluß aus denselben ein sehr unwesentlicher, bei ersteren nur
in den ersten Jahren ihrer Herstellung von Einfluß auf die Inun=
dation benachbarter Grundstücke und im Allgemeinen bedingt durch
das Material, aus welchem die Dammschüttungen erfolgt sind und
in welchem sie geführt werden. — Stehen jedoch in einer Nie=
derung die den Ueberfluß des Wassers abführenden unter=
und oberirdischen Wasseradern in keinem normalen Ver=
hältniß zu einem vermehrten Zufluß des Grundwassers,
so ist oft eine langandauernde Erhebung des Grund=
wasserspiegels die natürliche Folge von vorangegangenen
außergewöhnlich nassen Jahrgängen. — Diesem Umstande
verdanken z. B. die oft plötzlichen und andauernden Inundationen
in den Niederungen unserer großen Ströme, so wie auch in Ungarn,
Kroatien und Slavonien ꝛc. die Feldfluren an den Ufern der Donau,
Drau und Save, wie ich dieses persönlich mehrfach Gelegenheit
hatte zu beobachten, einzig und allein ihr Entstehen. Eine sichere
Abhilfe dieser Mißstände kann nur mit Hilfe umfassender Regen=,
Pegel= und Grundwasserbeobachtungen in Aussicht genommen werden.
In vielen Fällen werden auch, namentlich wenn genügendes Gefälle
vorhanden ist, schon locale und genossenschaftlich auszuführende Ent=
wässerungen zum Ziele führen.

Ueber die Natur und die chemisch=physikalische Beschaffenheit,
so wie die specielle Benutzung des Grundwassers habe ich in meiner
bereits angezeigten Schrift über „die landwirthschaftliche
Wasserfrage“ Heft I. eine eingehende Abhandlung veröffentlicht,
auf welche ich hinweise, um die vorliegende Schrift nicht zu weit
auszudehnen.

Die Zone des Tieflandes ist auch das naturgemäße Terrain
für die Anlage von Schiffahrtskanälen, überhaupt billiger
Wasserstraßen, welche allen drei Factoren der Volkswirthschaft nutz=

bringend sind. Die Schiffahrtskanäle in diesen Niederungen bieten namentlich auch den großen Vortheil, daß sie den porösen Alluvial=boden an beiden Ufern oft weit in das flache Land hinein feucht und frisch erhalten, und selbst in den heißesten Sommern eine lebendige Vegetation unterhalten, während durch die einseitige Ein=deichung der Flußniederungen die ehemals reichsten Grasfluren, wegen Mangel an Schlammablagerungen und Feuchtigkeit, mit der Zeit an vielen Orten Deutschlands zu unfruchtbaren Steppen um=gewandelt worden sind. Die Ebenen der Oder und der Theiß haben deren schon heute aufzuweisen. — Professor Molin hat aber mit Rücksicht auf die in Oberitalien vorliegenden Culturverhältnisse nachgewiesen, daß der Reichthum und die Cultur des Land=baues von der Meilenzahl der Navigationskanäle eines Landes abhängig sind.

Es giebt in der That keine national=ökonomische Frage, welche die Aufmerksamkeit der Regierungen und des Volkes mehr verdient, als die Regulirung der Gewässer im Interesse der allgemeinen Wohlfahrt eines Landes, und daß zu diesem Wohlbefinden nament=lich auch die Schiffahrtskanäle beitragen, darüber giebt uns die Culturgeschichte Italiens die belehrendsten Beispiele.*) ·

Das venetianische Gebiet besitzt nur 80 459 bewässerte Hectaren, weil seine schiffbaren Kanäle nur 590 Kilometer lang sind; die Lombardei besitzt 550 000 bewässerte Hectaren und ernährt daselbst über 9000 Einwohner auf der Quadratmeile, weil die schiffbaren Kanäle dieser Provinz eine Fläche von 217 915 ☐Kilometer Wiesen=land berühren und weil diese Kanäle täglich aus den großen Flüssen 45 Millionen Kubikmeter Wasser abführen, die sich als eben so viele Kubikmeter Goldregen auf der trockenen Erde vertheilen (Molin).

Mit der Ausdehnung des Kanalbaues in den Flußniederungen steigt entschieden auch die Anzahl der Bewässerungs=Genossen=schaften und mit ihnen der Wohlstand in den Gemeinden ganzer Districte, wie man dieses auch in den reichen Dörfern des Breusch=

---

*) Vergl. Markus „die landwirthschaftlichen Meliorationen Italiens". Wien 1880, W. Frick.

thales im Elſaß beobachten kann, deren Bewohner berechtigt ſind, aus dem Breuſchkanal das nöthige Waſſer zur Bewäſſerung ihrer Wieſen zu entnehmen. Dieſer Kanal zeigt in ſeiner ganzen Anlage, daß der Erbauer, der berühmte General Vauban, wahrſcheinlich in Folge bereits beſtehender Gerechtigkeiten, auch die Intereſſen des Nähr= ſtandes und zwar inſofern berückſichtigt hat, daß er oberhalb jeder Kammerſchleuſe je einen Waſſerarm zum Betriebe einer Mühle und einen anderen zur Bewäſſerung der anliegenden Wieſen abgeleitet hat. Dieſer volkswirthſchaftliche Gedanke ſollte bei der Anlage aller Schiffahrtskanäle Anwendung finden, welche in den Niederungen der Ströme zur praktiſchen Ausführung gelangen.*)

Die wirthſchaftlichen Vortheile einer Bewäſſerung aus Kanälen ſind unter Umſtänden ſehr bedeutend. So werden z. B. aus dem vorſtehend genannten Breuſchkanal, im Frühjahr und nach der erſten Heuernte, an die berechtigten Wieſenbeſitzer in zwei Perioden zu= ſammen 5000 Kubikmeter Waſſer pro Jahr und Hectar verabfolgt. Im Intereſſe eines Experimentes wurde im Frühjahr 1875, welches ſehr trocken war, bei der erſten Heuernte ermittelt, daß pro Ar auf Wieſen, welche bei guter Pflege gedüngt und gewäſſert worden waren, 52,5 Kilogramm, bei Wieſen, welche nur gewäſſert waren, 32 Kilogramm, und Wieſen, welche weder gedüngt noch ge= wäſſert worden waren, nur 2,5 Kilogramm trockenes Futter geerntet wurden. Dieſe Ermittelung entſpricht genau den Reſultaten, welche, wie weiter voranſtehend geſagt worden iſt, bei den Verſuchen in Ungariſch=Altenburg ſich ergeben haben.

Die Erfahrung hat weiter gelehrt, daß die Eiſenbahnen wegen der ſehr koſtbaren Betriebsmittel und ihrer noch koſtbareren Unter= haltung in Bezug auf Billigkeit des Verkehrs unter gegebenen Ver= hältniſſen oft weit hinter dem Waſſerwege zurückſtehen; und daß dieſe, um den Bedürfniſſen in allen Rückſichten zu entſprechen, als Concurrenten der Bahnen hinzutreten müſſen, wie dieſes namentlich auch in England, Frankreich und Amerika principiell geſchehen.

---

*) Ein ähnliches Beiſpiel, wie die Intereſſen des Handels, der Induſtrie und Landwirthſchaft gleichzeitig gefördert werden können, iſt auch an der Schleuſe No. 43 des Rhein-Rhonekanals bei Mülhauſen zu ſtudiren.

D. V.

Wenn nun in jedem größeren Staate die Ausdehnung und Renta=
bilität der gebauten Eisenbahnen und Landstraßen in einem innigen
Zusammenhange mit der geographischen Lage und den commerciellen
Verhältnissen der Einwohner desselben steht, so ist die Anlage von
Schiffahrtskanälen vielmehr von den Boden=, Terrain= und Wasser=
verhältnissen abhängig, als jene es sind.

Nur nothgedrungen hat man vor Einführung der Eisenbahnen
auch Wasserwege über Bergrücken, wie z. B. den Donau=Mainkanal,
den Rhein=Rhonekanal und den Rhein=Marnekanal angelegt, deren
Wasserzuführung auf der Wasserscheide nicht nur schwierig und kost=
spielig, sondern oft auch meist unzureichend ist, wohl aber werden die
Schiffahrtskanäle rentabel und an ihrem Platze sein, wo weite Fluß=
niederungen ihre erste Anlage erleichtern und ihre Speisung aus
einem Hauptstrome unter allen Umständen und namentlich auch in
trockenen Sommern gesichert ist.

Sollen die Kanäle also eine staatswirthschaftliche Bedeutung
erhalten, so müssen ihre Dimensionen in der Weise berechnet sein,
daß bald von vornherein die gemeinsamen Interessen des Handels,
der Industrie und Landwirthschaft berücksichtigt werden können.
Jeder Schiffahrtskanal muß bis zu einer gewissen Grenze zugleich
als das Wasserreservoir für die unter dem Niveau seines Wasser=
spiegels liegenden Feld= und Wiesenfluren betrachtet werden. Es
unterliegt nicht dem mindesten Zweifel, daß ein in diesem Sinne
ausgeführtes Kanalnetz längs seiner Ufer, so wie auch an den
Wiesengeländen der senkrecht auf seine Längsrichtung herabfließenden
regulirten Wasseradern die Bildung einer großen Zahl von Be=
wässerungs=Genossenschaften und industriellen Anlagen zur Folge
haben würde, um das Wasser desselben bis zu einer die Schiffahrt
nicht störenden Grenze für die Production von Milch, Fleisch und
sonstigen Sachgütern nutzbar zu machen, d. h. im Interesse der
Förderung des allgemeinen Wohlstandes, zu verwerthen. Um diesen
Preis dürfte sich aber die Aufnahme schon sehr bedeutender Staats=
anleihen rechtfertigen lassen.

c. Die Anlage von Poldern in den Flußniederungen.

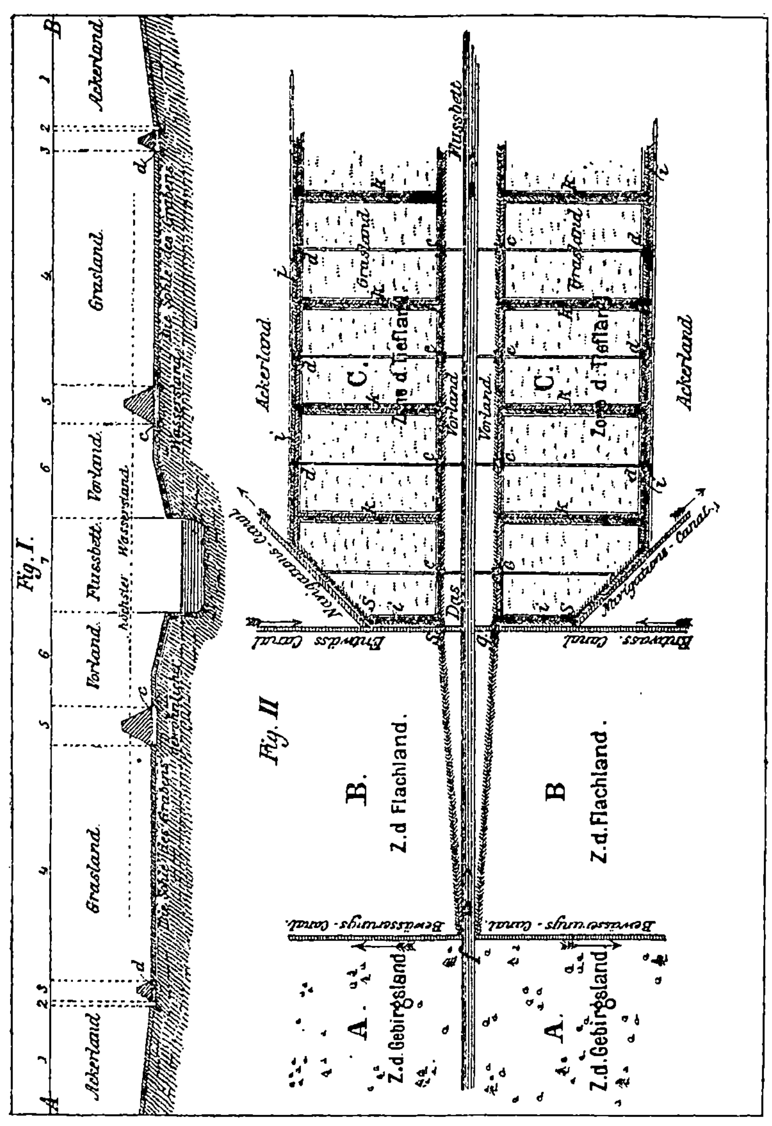

Graphische Darstellung der 3 Cultur-Zonen.

Nach der vorstehenden Skizze soll Figur I das Querprofil eines auf Grund meteorologischer Daten und allgemeiner Feststellung der zu erwartenden Hochwassermengen wirthschaftlich behandelten Flußthales darstellen, wobei No. 7 das eigentliche Strombett, No. 6 das hydrotechnisch berechnete Vorland, No. 5 die Hauptdeiche, No. 4 die zu Gras= und Futterbau bestimmten Flächen, No. 3 die Parallelbämme und No. 2 die Entwässerungsgräben vorstellen sollen, welche No. 1 das Getreideland von dem eigentlichen Grasland scheiden. Es handelt sich nämlich darum, zwischen den Hauptdeichen und den zum Getreidebau bestimmten Feldern, durch entsprechend hohe Parallelbämme, auf jeder Seite des Flusses Abtheilungen zu schaffen, welche in sich selbst, je nach dem das Terraingefälle und der in Aussicht genommene Anbau dieser Flächen mit Wald oder Gras dieses erfordern, durch nur 1 bis 1,5 Meter hohe Zwischen= bämme in sogenannte Polder eingetheilt, und event. nach Art der „Niederländer" mit Sommerfrüchten bewirthschaftet oder unter Umständen selbst als Wasserreservoire benutzt werden.

Wir würden mit Hilfe einer derartigen Einrichtung einen doppelten Zweck erreichen, denn wir werden dadurch nicht nur die Hochwasser von unsern in Cultur gelegten Niederungen mit größerer Sicherheit abhalten, sondern auch den befruchtenden Schlamm der= selben vermittelst geeigneter Schleusen=Vorrichtungen, theils im speciellen Interesse des Futterbaues, theils zur Einführung einer ge= regelten Waldwirthschaft auf viele Tausende von Hectaren Landes absetzen und demgemäß benutzen; kurzum, wir würden dann den Grasbau dort wieder pflegen, wo er seiner Natur nach hingehört und somit nicht nur die zerstörende Gewalt des Wassers der größeren Ströme des Landes beherrschen, sondern auch die befruchtenden Eigenschaften desselben im volkswirthschaftlichen Sinne ausnutzen können. Dieser Gegenstand wurde von mir bereits im Jahre 1873 in der Georgika erörtert und auch in der VII. Versammlung des elsaß=lothringischen Forstvereins zu Straßburg, gelegentlich einer Debatte über die Bewirthschaftung der Rheinwaldungen, zur Sprache gebracht, woselbst, vom Professor Dr. Schuberg aus Carlsruhe sympatisch begrüßt, letzterer denselben näher erläuterte und den versammelten Forstleuten zur Beachtung empfahl.

Behufs Ueberfluthung jedes einzelnen Polders müssen bei c und d der Skizze große gußeiserne Röhrenschleusen von 1 bis 2 Meter lichter Weite eingesetzt werden, welche an jeder Seite des Deiches mit wasserdicht schließenden eisernen Schiebern versehen sind. Dieselben sind in der Weise einzusetzen, daß die Sohle derselben noch mindestens 1,50 Meter unter der allgemeinen Terrainhöhe des zugehörigen Polders zu liegen kommt, damit der zwischen c und d sich hinziehende Graben, sowohl zur Entwässerung des Polders als auch zur Ableitung des Wassers aus dem Graben No. 2, nach dem Fall des Hochwassers benutzt werden kann.

In Figur II stellt sich der vorstehend schon näher entwickelte Gedanke über die hydrologische Eintheilung des Landes in drei Culturzonen graphisch dar. Hiernach soll das über dem Niveau einer jeden Flußniederung sich bis zu dem Kamme der Gebirge erhebende Land in drei Zonen getheilt werden, so daß nach vorliegender Skizze: A das meist mit Wald anzubauende Gebirgsland, B das zwischen Gebirge und Tiefland gelegene, meist dem Ackerbau geltende Flachland und C die eigentlichen Flußniederungen, also das Tiefland, bedeuten. Geologisch würde also die Waldregion die Fels- und Höhenböden, die Getreidezone das Diluvium und das Alluvium die Zone des Graslandes zu umfassen haben.

Zur speciellen Verwerthung des Wassers für die zweite Zone, würden an der Grenze der Waldregion, also bei f, am Fuße des Gebirgslandes, Stauwerke und Sammelteiche anzulegen sein, um das Wasser, welches aus den vorliegenden Wäldern und Höhen hier zusammenfließt, und in der Ebene meist arge Verwüstungen anrichtet, in soweit dieses überhaupt zweckmäßig erscheint, rechts und links durch geeignete Kanäle den tiefer liegenden Plateaus, theils zur land- und forstwirthschaftlichen Verwerthung, theils zu industriellen Zwecken zuzuführen. Um nun das eigentliche Tiefland, also die dritte Zone, vor successiver Versumpfung zu bewahren, sind zwischen B und C, also von g ab, Vorfluthsgräben, sogenannte Landgräben, anzulegen und in den bereits vorher regulirten Fluß abzuleiten, welche ersteren bei ihrer Mündung ebenfalls mit Schleusen zu versehen sind. Es wird hierbei in Erwägung zu ziehen sein, ob es sich nicht empfiehlt, wenn genügend Wasser vorhanden, je nachdem die wirthſchaftlichen Bedürfniſſe dieſes verlangen, von g und s ab ſchiffbare Canäle in die Zone C abzuleiten.

Es haben nun ſchon bei f die Verdämmungen der bereits zum Bache angeſchwollenen Waſſeraber, deſſen regelrechte Eindeichung jedoch erſt bei g, dem eigentlichen Tiefland, zu beginnen.

Die Hauptdeiche der Zone C würden ſich den Verdämmungen der Zone B anſchließen und letztere, je nach Lage des Terrains und mit Berückſichtigung des nöthigen Vorlandes, den natürlichen Biegungen des Flußlaufes folgen. Von g ab muß zunächſt in der Richtung der Vorfluthsgräben, die mit i bezeichnete zweite Verdämmung des Tieflandes hergeſtellt werden, welche, wie bereits geſagt wurde, das Grasland von dem Getreideland ſcheidet.

Je nach dem Fall des Terrains, als auch mit Rückſicht auf genoſſenſchaftliche Culturunternehmungen oder politiſche Grenzen ſind die mit k bezeichneten Zwiſchendämme aufzuführen, durch welche das Grasland ꝛc. in die genannten Polder nach Art der in Holland be= liebten Culturmethode eingetheilt wird.

Es handelt ſich hierbei um die Anlage großer Staube= wäſſerungen im ſpeciellen Intereſſe eines geregelten Grasbaues, wie ich ſie z. B. in Föhra bei Erfurt (S. 58) und auch in Schleſien mit ausgezeichneten Erfolgen an kleineren Bächen theils gefunden, theils ſelbſt ausgeführt habe. — Zu dieſem Zwecke wird es ſich empfehlen, ca. 2 Meter vom Fuße der Verdämmungen jedes Polders noch ca. 1,25 Meter tiefe Gräben horizontal auszuheben, welche das Waſſer in den Graben c d abzuleiten haben. — Dieſer Graben hat auch den Zweck, das von dem Graben i aufgenommene ſogenannte „Qualmwaſſer“ in den Hauptſtrom rechtzeitig abzuleiten. — Dieſe Qualmwäſſer, welche gewöhnlich erſt nach dem Fall des Hochwaſſers das hinter den Deichen liegende Terrain inundiren, ſind einfach Grundwäſſer, d. i. der unterirdiſche Ueberfluß gefallener Regenmengen, welche den Weg vom Gebirge oder aus der zweiten Zone nur lang= ſamer zurücklegen, als das oberhalb abfließende Regenwaſſer. —

Dieſer Cultur=Gedanke iſt nicht nur praktiſch ausführbar, ſondern die Ausführung deſſelben iſt auch billig, weil durch denſelben die großen Koſten für die bereits ausgeführten Deichbauten erſt rentabel gemacht werden. Auch bleibt es keinem Zweifel unterworfen, daß durch das Füllen der Polder, wenn dasselbe systematisch von dem Beginn der Niederung an ausgeführt wird, die Gewalt des Hoch= wassers sehr abgeschwächt wird, und zwar zum doppelten Segen der Landwirthschaft, weil durch das Absetzen des befruchtenden Schlammes, welcher zum großen Theile den gedüngten Feldern der Zone B ent= führt worden ist, die Millionen Centner Heu wieder gewonnen werden, welche den Landwirthen durch die einseitige Aufführung der nur Gefahren abhaltenden Deiche verloren gegangen sind.

Haben die Hochwasser sich gesenkt, so werden wir durch das Oeffnen der Schleusen bei c und d auch die überflüssigen Stau= wasser sofort abführen können, welche sich daselbst gewöhnlich erst 8—14 Tage später ansammeln, und so auch der Luft die wohlthätige Einwirkung auf das Wachsthum der cultivirten Pflanzen verschaffen. Dieses Poldersystem ist zu vergleichen mit einem terassenförmig aneinanderhängendem System von Teichen, welchem von einem höher liegenden Niveaupunkt des Flusses ab nöthigenfalls auch regelmäßig Wasser zur Anfeuchtung durch Füllung der Gräben zugeführt werden kann.

Es soll diese fundamentale Anschauung über die volkswirth= schaftliche Benutzung des Wassers der Flüsse und Bäche des Landes sich namentlich auch an das specielle Bedürfniß der Culturpflanzen an= schließen, welche bekanntlich in Deutschland, mit Berücksichtigung des Klimas in der Vegetationsperiode, nicht nur Entwässerung, sondern auch Bewässerung verlangen, und dieses Bedürfniß unserer Cultur= pflanzen muß daher auch bei allen Meliorationsanlagen, welche in unserem Vaterlande zur Ausführung gelangen, gebührend berück= sichtigt werden.

V.

Die Landescultur und die Organisation der Wasserwirthschaft.

Sr. Excellenz der preußische Minister für Landwirthschaft und Forstwesen, Herr Dr. Lucius, äußerte sich über „die Ziele der landesculturellen Thätigkeit" in der Sitzung des Abge=

ordnetenhaufes am 14. Februar 1882, gelegentlich der Feststellung des Etats für die Domänen, in einer längeren Rede, deren Einleitung wie folgt lautete:

„Ich glaube, daß man einen Erfolg auf dem Landesculturgebiet nur dann erreicht, je enger man sich die Ziele steckt, die man erreichen kann und erreichen will, will man sich nicht in das Uferlose von Projecten verlieren. Damit möchte ich darauf hinweisen, daß der landwirthschaftlichen Verwaltung zwei sehr große Aufgaben überwiesen sind, die meines Erachtens ein Menschenalter hinburch das landwirthschaftliche Ministerium beschäftigen können und beschäftigen werden. Ich nenne in Bezug darauf in erster Linie die Frage der Durchführung der Aufforstungen in größerem Umfange; das ist eine sehr große weitgehende Frage, die in ihrer befruchtenden Rückwirkung für die sämmtlichen landwirthschaftlichen Zweige von der höchsten Bedeutung ist. Das zweite große Arbeitsfeld praktischer Natur liegt meines Erachtens auf dem Gebiete der Wasserwirthschaft. Es hat bis jetzt in Deutschland eigentlich eine Ausbeutung des Wassers nur im kleinsten Umfange stattgefunden, es ist die Pflege der schiffbaren Ströme bis zu einem gewissen Grade der Vollendung der Technik geführt worden; dagegen fehlt ein Glied in der Wasserwirthschaft fast vollständig, das ist die Regulirung und wirthschaftliche Nutzbarmachung der sogenannten Privatflüsse, der kleinen Flüsse und Bäche, die jetzt im Großen und Ganzen eigentlich viel mehr und fast ausschließlich dem Mühlenbetrieb dienen als den Landesculturzweigen. Ich habe veranlaßt, daß für sämmtliche Provinzen im Laufe des letzten Jahres eine Aufnahme erfolgt ist der nicht schiffbaren Flüsse, der Privatflüsse, und ich habe aus den Berichten, die ziemlich vollständig, allerdings nur überschläglich, bis jetzt eingegangen sind, doch ein Bild gewonnen, daß hier eine praktische und lösbare Frage vorliegt, wo viele Millionen mit großem Nutzen im Interesse der Landescultur ausgegeben werden können, welche unmittelbar befruchtend und wohlthätig für die landwirthschaftliche Bevölkerung wirken werden ꝛc."

Diese Erkenntniß an maßgebender Stelle ist ein staatswirth=
schaftliches Ereigniß von größester Bedeutung für die Gesammt=
interessen unseres deutschen Vaterlandes, weil dieses Programm nicht
nur die Land= und Forstwirthschaft als einen im Zusammenhange
stehenden Culturgedanken betrachtet, sondern auch die Sicherstellung
einer besseren Ernährungsbilance mit Hilfe einer zeitgemäßen Orga=
nisation der Wasserwirthschaft als das zu erstrebende Ziel der Staats=
regierung in Aussicht gestellt wird; es ist das bedeutsame Resultat
der administrativen Verbindung der Land= und Forstwirthschaft.

Soll dieser gute Geist an der Spitze der Verwaltung eines
großen Staates aber Früchte tragen, so muß auch Gelegenheit ge=
boten werden, daß die nach ähnlichen Zielen strebenden Geister der
Nation als eine über das ganze Land sich ausbreitende Korporation
in harmonische Verbindung treten, um so zu sagen als ausführende
Organe die Ziele der Verwaltung als befruchtende Keime überall
hinzutragen, wo es sich darum handelt die im Boden und Wasser
enthaltenen Reichthümer unseres Vaterlandes im Interesse der
Förderung des allgemeinen Wohlstandes bestmöglichst zu verwerthen.

Mein Ideal ist in diesem Punkte die Bildung eines Landes=
culturrathes, welcher als anregende und begutachtende Körper=
schaft neben der Land= und Forstwirthschaft auch die Interessen des
Handels und der Industie nach allgemeinen volkswirthschaftlichen
Gesichtspunkten in Erwägung zu ziehen versteht. Hieraus folgt,
daß auch die Zusammenstellung seiner Mitglieder diesem Zwecke ent=
sprechen muß. Alle gemeinnützlichen Maßnahmen, welche mit der
Vertheilung und Benutzung von Boden und Wasser in Beziehung
stehen, müssen seiner prüfenden Erwägung unterstellt werden, damit
einestheils grobe hydrotechnische Irrthümer vermieden, unnütze Geld=
ausgaben gespart, und nützliche, den allgemeinen Wohlstand
vermehrende Anlagen, welche mit den uns umgebenden objec=
tiven Eindrücken der Natur und Cultur in Beziehung stehen —
z. B. auch durch Berathung von Gesetzen und Verordnungen, welche
die Aufforstung von Oedländereien, Regulirung von Wasserläufen,
Ent= und Bewässerung ganzer Flußgebiete, Anlage von Teichen,
Canälen, Einrichtung von meteorologischen Beobachtungsstationen

zeigt — mit Hilfe eines hierzu speciell vorgebildeten technischen Personals, möglichst gefördert werden.

Die meistens auf persönliche Rechtstitel beruhenden Berechtigungen, welche die Fabriken und Mühlengewerbe in fast allen deutschen Staaten auf die Benutzung des Wassers unserer Bäche haben, lassen mit Leichtigkeit erkennen, daß im Hinblick auf den thatsächlich vorliegenden Wassermangel während der Vegetationsperiode und die hieraus resultirende Nothwendigkeit einer vermehrten Wassersammlung und ökonomisch geregelten Wasserwirthschaft, ein derartiger Landesculturrath, als berathendes volkswirthschaftliches Organ zur Seite jeder Provinzial-Verwaltung, ein wahrer Segen für das Land sein würde. — Denn unsere Wasserverhältnisse sind im Allgemeinen nicht geregelt, die Gesetze unzureichend*), die Wissenschaft auf dem Gebiete der Wasserkunde und Wasserstatistik mangelhaft, und unsere zur Regelung der Wasseradern etatsmäßig festgestellten Capitalien, welche sich alljährlich nach Millionen berechnen, liegen in den Händen einzelner Hydrotechniker und Verwaltungsbeamten, unter denen erst in den allerseltensten Fällen eine Autorität sich findet, welche den Werth des Wassers für allgemeine Productionszwecke in seinem ganzen Umfange zu würdigen und demgemäß zu benutzen versteht**). — In der That, hätte ein derartig construirter Landesculturrath von vorn herein neben der sonst so vortrefflichen preußischen Separations-Gesetzgebung bestanden, so wären die ehemaligen Gemeindewälder nicht parzellirt, tausende von Teichen und Lugen nicht kassirt, die Deichbauten nicht nur zum einseitigen Schutz gegen Hochwassergefahren gebaut, und jeder Separation zugleich eine Regelung der Wasserverhältnisse zur genossenschaftlichen Ent- und Bewässerung des Culturlandes zum Grund gelegt worden, wie dieses z. B. im ehemaligen Herzogthum Nassau noch heute gesetzlich geschieht.

---

*) Vergl. Baumert: „Die Unzulänglichkeit der bestehenden Wassergesetze in Deutschland." Gekrönte Preisschrift. Berlin 1876. Puttkammer und Mühlbrecht.

**) Vergl.: „Regulirung oder Canalisation der deutschen Flüsse". Wiesbaden 1876, Chr. Limbarth.

Unser heutiges Zaudern zur Aufnahme von Capitalien, zum Anbau der devastirten Wälder, theils zur Verbesserung des Klimas, theils zum Schutz unserer modernen landwirth= schaftlichen und industriellen Cultur, durch eine im groß= artigsten Maßstabe vermehrte Wassersammlung, kenn= zeichnet am besten unsern beschränkten volkswirthschaftlichen Stand= punkt, gegenüber der leichtfertigen Benutzung unseres Credits zur Theilnahme an industriellen Unternehmungen, deren Tragweite wir meist gar nicht kennen, und welche bei der geringsten politischen Be= wegung wie Kartenhäuser zusammenfallen, um Geld und Credit für immer zu begraben. — Im Hinblick auf die Gefahren, welchen die Ostgrenze unseres deutschen Vaterlandes ausgesetzt ist, und auf welche unser größter deutscher Nationalökonom, Friedrich List, schon vor vierzig Jahren mit so lebendigen und patriotischen Worten hinge= wiesen*), dürfen wir heute mit einem gerechten Stolz die ehemals so sehr angefochtene deutsche Militair=Organisation als ein wichtiges Vermächtniß unseres Kaisers zur Sicherstellung der Arbeiten des Friedens betrachten, aber die Sicherstellung des Wehrstandes und der Wehrhaftigkeit unserer Nation verlangt auch eine gleichzeitige Kräftigung des Nährstandes, und die Erreichung dieses Zieles ist, wie der Minister Dr. Lucius sehr richtig hervorhebt, in erster Linie nur in der Sicherstellung des Landbaues, mit Hilfe der Regelung unserer weder schiff= noch flößbaren Bäche und Aufforstung der Oedländereien zu suchen.

Der zu bildende Landesculturrath soll und wird unsere schwan= kenden volkswirthschaftlichen Begriffe über die bestmöglichste Ver= werthung des Wassers in bessere Bahnen leiten und so ein dauerndes Schutzmittel zur Sicherstellung unseres Wohlstandes und unserer nationalen Existenz sein.

Gerade auf diesem schwierigsten Gebiete der Technik, wo es sich stets darum handelt ein künstlich Werk der Natur so anzupassen, daß die pulsirende Kraft des gesammten Volkslebens in allen seinen Gliedern dadurch gefördert wird, brauchen wir die Männer des

---

*) Vergl.: „Friedrich List's sämmtliche Schriften" von Prof. Dr. Häusser. 2. Theil. Stuttgart und Tübingen 1850. S. 314—320.

Volkes als controlirende Organe; und ich wiederhole: wo die Technik oder die Verwaltung noch nicht anerkannt hat, daß nicht in der einseitigen Fortschaffung, sondern in der bestmöglichsten Benutzung des Wassers der Wohlstand des Volkes und somit der Bestand des Gesammtvaterlandes sicher gestellt werden kann.

Ein derartiger Landesculturrath würde nach folgenden Grundsätzen zu constituiren sein:

1. Unter der Bezeichnung „Landesculturrath" wird für die Verwaltung der Provinz N. N. ein berathendes korporatives Organ, behufs Einführung und Unterhaltung einer geregelten Bodencultur und Wasserwirthschaft gebildet.

2. Der Landesculturrath hat die Förderung und Fortbildung des Anbaues der Wälder und der Wasseradern des Landes, in so weit sich dieselben auf die Hebung der Landwirthschaft, der Industrie und den Handel beziehen, zur Aufgabe und hat zu diesem Zweck

a. das Recht, durch selbstständige Anträge, Wünsche und Anregungen der Staatsverwaltung gegenüber die vorbezeichneten Aufgaben und Interessen im vollen Umfange zu vertreten, sowie

b. die Pflicht, der Provinzial-Verwaltung als berathendes Organ in Bezug auf alle die Bodencultur und die Regelung der Wasserverhältnisse berührenden Fragen der Gesetzgebung und Verwaltung zu dienen. So weit es die Verhältnisse gestatten, soll er in jeder wichtigen Angelegenheit dieser Art gehört werden.

3. Der Landesculturrath besteht aus (x) ordentlichen Mitgliedern, und zwar:

a. den jedesmaligen Vorsitzenden (Präsidenten) und zwei Mitgliedern des landwirthschaftlichen Centralvereins, und einem Mitgliede der Handelskammer;

b. einem aus jedem Kreise von Mitgliedern des Kreistages zu wählenden Mitgliede;

c. sechs von der Provinzial-Verwaltung zu berufende Mitglieder, und zwar je einen Vertreter der Nationalökonomie, der Forstwirthschaft, der Naturwissenschaften, der industriellen Gewerbe, der Strombauverwaltung und der Culturtechnik.

Der Landesculturrath hat gleichzeitig das Recht, für besondere Fragen, welche mit der Hebung der allgemeinen Landescultur in Be= ziehung stehen, außerordentliche Mitglieder auf die ganze Dauer der Wahlperiode (§ 6) hinzuzuwählen, welche dann zu allen Sitzungen, wo einschlagende Gegenstände zur Berathung kommen, zugezogen werden; auch für einzelne Gegenstände und Sitzungen besondere Sachverständige einzuladen.

4. Die Berathungen werden von einem von Seiten des Landes= culturrathes aus seiner Mitte gewählten Vorsitzenden geleitet, welcher seinerseits zunächst die Wahl des geschäftsführenden Secretairs für den Zeitraum eines Jahres aus der Zahl der Mitglieder einleitet.

5. Von Seiten der Provinzial=Verwaltung wird ein Regierungs= Kommissär ernannt, welcher den Verhandlungeu beiwohnt, und den Standpunkt und die Interessen der Staatsregierung zu ver= treten hat.

6. Die unter 3b genannten Wahlen erfolgen auf den Zeit= raum von 3 Jahren, wonach alljährlich $\frac{1}{3}$ der älteren Mitglieder ausscheidet und dieselben in den betreffenden Wahlkreisen durch Neuwahl ergänzt, oder ihre Wiederwahl auf weitere 3 Jahre voll= zogen wird.

7. Die Mitglieder des Landeskulturrathes werden alljährlich mindestens einmal zu einer gemeinsamen Berathung von der Pro= vinzialverwaltung berufen, wohingegen die für einzelne Specialitäten der Landeskultur zu bildenden Sectionen Behufs Berathung von Fachfragen auch einzeln berufen werden können. Dieselben sind auch verpflichtet, in den Grenzen des Regierungsbezirks oder dem Kreise, welchen sie angehören, der Aufforderung des Regierungs= präsidenten zur Theilnahme an den Berathungen einschlagender Fragen, event. deren Stellvertreter, Folge zu leisten.

8. Die Mitglieder des Landeskulturrathes erhalten Diäten und Entschädigung für den ihnen durch die Theilnahme an den Sitzungen erwachsenen Reiseaufwand aus dem (Landes=)Provinzialfonds.

9. Die Geschäftsordnung bei den Verhandlungen wird durch ein besonderes Regulativ festgestellt.

Die Bildung einer derartigen Korporation von Fachmännern, Gelehrten und Verwaltungsbeamten ist um so nothwendiger, weil nur mit Hilfe einer solchen die Provinzial=Verwaltungen im Stande sein werden, die an dieselben herantretenden Landeskulturfragen zum Wohle und zur Zufriedenheit der Bevölkerungen zu lösen. Denn so wie die Sachen heute liegen, wo thatsächlich kaum der 1000ste Mensch für die Regelung der Wasserverhältnisse ein gewisses Interesse zeigt, kann es nicht bleiben; wo fort und fort die von den Gebirgen und aus den Thälern abgeschwemmten Dungstoffe in Millionen von Werthen durch eine mißverstandene Wald= und Wasserwirthschaft unbenutzt dem Meere, dem Grabe der Welt zugeführt werden.

Die Stimmen, welche nach dieser Richtung hin sowohl in der Presse als in den verschiedenen land= und volkswirthschaftlichen Vereinen laut geworden sind, haben namentlich bei den schlesischen Landwirthen einen lebhaften Widerhall gefunden — und sind auch die Veranlassung gewesen, daß die Deligirtenversammlung des landwirthschaftlichen Centralvereins in ihrer Sitzung vom 28. Februar 1879 „die gesetzliche Regelung der Wasserfrage als ein dringendes staatliches Bedürfniß erklärte" und dadurch die Initiative zur Förderung dieses Gegenstandes von Seiten des Präsidenten des Centralvereins, Herrn Grafen v. Burghaus, in erster Linie veranlaßte.

Zur weiteren und eingehenden Orientirung der beregten Wasserfrage muß ich hier auf die bereits angezeigte Preisschrift von Baumert „Ueber die Unzulänglichkeit der bestehenden Wassergesetze in Deutschland, Berlin 1876, und die von mir veröffentlichten Schriften:

1. „Entwurf eines Wasserrechtsgesetzes für Landwirthschaft, Industrie und Handel" Berlin 1876; 2. die „landwirthschaftliche Wasserfrage" 2 Hefte, Prag 1878, hinweisen.

Die Grundzüge der Wassergesetzgebung und die Organisation einer geregelten Wasserwirthschaft lassen sich hiernach wie folgt recapituliren:

Ein Wasserrechtsgesetz darf nicht einseitig die Interessen eines Factors der Volkswirthschaft mehr fördern, als diejenigen der anderen, sondern dasselbe wird den allgemeinen Wohlstand eines Volkes nur dann bereichern helfen, wenn die Vertheilung des Wassers den

Bedürfnissen des Handels, der Industrie und Landwirthschaft gleich=
mäßig entspricht und vor allen Dingen auch die Sicherstellung der
Ernährungsbilanz desselben dadurch begünstigt wird.

Um dieses Ziel zu erreichen, ist es nöthig, daß die Vertreter
dieser verschiedenen Factoren der Volkswirthschaft zur Feststellung
der allgemeinen Grundsätze mit ihrem Wissen und Können selbst
herangezogen werden, und in diesem Sinne ist auch das Send=
schreiben aufzufassen, welches der Präsident des landwirthschaftlichen
Centralvereins für die Provinz Schlesien an die Vorstände der
landwirthschaftlichen Vereine, die gesetzliche Regelung der Wasserfragen
betreffend, erlassen hat. Denn nur in der Erkenntniß der allgemeinen
Culturverhältnisse und der wirklichen Bedürfnisse des Volkes wird
es gelingen, auch ein den allgemeinen Bedürfnissen entsprechendes
Wasserrechtsgesetz zu vereinbaren. Zur Formulirung möglichst zu=
sammenklingender Vorschläge möchten sich bei Bearbeitung des bereits
vorhandenen Materials folgende Grundsätze zur prüfenden Erwägung
empfehlen.

A. In gesetzlicher Beziehung.

1. Im Anschluß an die deutsche Civilgesetzgebung, die Anstre=
bung eines allgemeinen deutschen Wasserrechtsgesetzes, in welchem
die Interessen des Handels, der Industrie so wie der Land= und
Forstwirthschaft gleichmäßig berücksichtigt sind, nach volkswirthschaft=
lichen Grundsätzen sich leiten lassen, und auch der Specialgesetz=
gebung in den einzelnen deutschen Ländern ein entsprechender Spiel=
raum gewahrt bleibt.

2. Die Grundgedanken dieses Gesetzes so zu formuliren, daß
jedem Landbesitzer nicht nur gestattet, sondern auch die Möglichkeit
geboten wird, entweder direct allein oder indirect mit Hilfe der
Genossenschaft alle seine Grundstücke nach Belieben und in dem
Maße bewässern und entwässern zu können, als die vorliegenden
Boden=, Terrain= und Wasserverhältnisse dieses naturgemäß über=
haupt gestatten.

3. Die Wasserrechte nur auf bestimmte Zeitperioden zu
vergeben und da, wo ältere Berechtigungen auf das Wasser unserer
Bäche bestehen, welche im national=ökonomischen Sinne entweder

Schaden oder keinen genügenden Nutzen bringen, auf gesetzlichem Wege entweder zu expropriiren, abzulösen oder zweckmäßig zu beschränken.

4. Die allgemeinen Verpflichtungen zur Regelung und Unterhaltung der Wasserrechtsordnung, wie folgt, zu vertheilen:

a. Die Regulirung und Unterhaltung von Hauptströmen und Anlage von Schiffahrtskanälen und Deichen, überhaupt alle hydrotechnischen Anlagen, welche ein gemeinsames volkswirthschaftliches Interesse haben, übernimmt der Staat oder die Provinz.

b. Die Ausführung und Unterhaltung aller Wasserbauten, welche sich auf die Regulirung der weder schiff- noch flößbaren Bäche, Entwässerung von größeren Sümpfen und Anlage von Sammelbassins oder Kanälen zu Bewässerungszwecken beziehen, übernimmt der Bezirk oder Kreis mit Heranziehung der interessirten Gemeinden.

c. Die Regulirung der Vor- und Zufluth des Wassers, welche sich auf die Ent- und Bewässerung von Wald-, Acker- und Wiesenländereien, so wie auf die Anlage von Deichen, Stau- und Triebwerken 2c. beziehen, haben die zugehörigen Gemeinden, Genossenschaften und Privaten nnter der Kontrole der Verwaltung auszuführen.

d. In allen Fällen, wo derartige Anlagen gemeinnützlichen Zwecken dienen, werden zu den Kosten die Hälfte von der Staats- oder Provinzialverwaltung, ein Viertel vom Bezirk oder Kreis und ein Viertel von den Interessenten beigetragen.

5. Die Mittel zur Ausführung dieser Arbeiten sind etatsmäßig festzustellen und für Gemeinden, Private und Genossenschaften durch Einrichtung von Landeskultur-Rentenbanken zu beschaffen.

6. Die Abgabe des Wassers der Bäche an die Land- und Forstwirthschaft während der Vegetationszeit, also vom Anfang April bis Ende August, in der Zeit vom Samstag-Abend bis Sonntag-Abend, mit Berücksichtigung localer Nothwendigkeiten im Prinzip gesetzlich festzustellen.

7. Bei jeder politischen Verwaltungsbehörde ein Wasserbuch anzulegen und auf das Genaueste zu führen, über die im Kreise

ober in der Gemeinde bestehenden Wasserrechte nebst den dazu gehörigen Wasserkarten. Jedermann muß es freistehen, das Wasserbuch, die betreffenden Verhandlungen und die Wasserkarten einzusehen, auch Kopien daraus entnehmen zu lassen.

8. Die Organisation einer geregelten Wasserwirthschaft wird auf Grund einer technischen Basis, nach hydrographischen Karten und im Anschluß an systematische meteorologische Beobachtungen durch eine gesetzliche Wasserordnung regulirt und werden die Wasseranlagen von für den hydraulischen Dienst speciell vorgebildeten Beamten dauernd controlirt.

B. In administrativer Beziehung.

1. Die Einsetzung eines Landeskulturrathes für jede Provinz; für jeden Kreis eine permanente Meliorations-Commission aus Beamten und Vertrauensmännern zu bilden, welche letzteren von dem Kreistage gewählt sind, und welche die Vortheile jeder projectirten Stau- oder Triebwerksanlage, der Bachcorrectionen, die Expropriation älterer oft mehr Schaden als Nutzen bringender Stauwerke, sowie den gemeinschädlichen Bestand von Teichen und Sümpfen, Umwandlung von Wald in Acker oder Wiese, Beschaffung der nothwendigen Vorfluth im Interesse der Bodenkultur, im Auftrage der leitenden Verwaltungsbehörden technisch und wirthschaftlich zu begutachten haben; für jede Gemeinde eine Culturkommission; als berathende Organe für die Verwaltungsbehörden, in welchen Korporationen, je nach Umfang ihrer Functionen, die Wissenschaft, die Technik, Handel und Gewerbe, sowie die Land- und Forstwirthschaft vertreten sind.

2. Die Organisation des meteorologischen Dienstes mit einer Centralstelle und ausführenden Organen, im Anschluß an die Function der deutschen Seewarte in Hamburg.

3. Die Einrichtung von Provinzial-Wasserbehörden, unter deren Oberleitung:

    a. behufs Unterhaltung und Verwaltung der schiffbaren Flüsse und Kanäle in bestimmten Districten Wasserbau-Ingenieure;

    b. für die Regulirung und Unterhaltung der weder schiff-

noch flößbaren Bäche, die technische Wasserpolizei, Fischerei und die gesetzliche Vertheilung des Wassers für allgemeine gewerbliche Zwecke in einzelnen Kulturbezirken Landeskultur= Ingenieure anzustellen sind;*)

c. durch die Errichtung einer culturtechnischen Provinzial= schule, auf welcher die Ausbildung von Technikern bewirkt wird, welche den vorstehend unter a. und b. genannten In= genieuren als ausführende Organe, oder auch den Landwirthen als Privatunternehmer zur speciellen Ausführung von Drai= nagen und Wiesenbauten dauernd zur Verfügung stehen. In diesen Schulen können auch die ausführenden Organe der Forstverwaltung eine gleichmäßige culturtechnische und wasser= wirthschaftliche Vorbildung erhalten.**)

4. Die Organisation des culturtechnischen Dienstes für speciell landwirthschaftliche Zwecke, im Anschluß an die landwirthschaftlichen Vereine nach dem im Königreich Baiern praktisch bewährten Prinzip in den einzelnen Regierungsbezirken durchzuführen.***)

5. Die Einsetzung akademischer Lehrstühle für allgemeine Wasserkunde und Wasserwirthschaft an den politechnischen Hochschulen und Anstellung von Lehrern für das Meliorationswesen an allen landwirthschaftlichen Lehranstalten.

Als neutraler Boden ist der alljährliche Zusammentritt eines freien Congresses für allgemeine Landeskultur und Wasserwirthschaft im Anschluß an den Centralverein für Hebung der deutschen Fluß= und Canal=Schiffahrt, sowie auch des deutschen Fischereivereins in Aussicht zu nehmen, um die in allen Gauen Deutschlands auf wasserwirthschaftlichen Gebieten gemachten Erfah=

----

*) Ich möchte hier auf eine Abhandlung über „Der Landeskultur= Ingenieur und der landwirthschaftliche Culturtechniker" hinweisen, welche in Heft 2 meiner Schrift über „Die landwirthschaftliche Wasser= frage", Prag 1878, veröffentlicht ist. D. R.

**) Vergl. Toussaint: „Die landwirthschaftliche Wasserfrage". Heft 2, Seite 49.

***) Vergl. Toussaint: „Die landwirthschaftliche Wasserfrage". Heft 2, Seite 47. Prag 1878.

rungen und wiſſenſchaftlichen Studien zu ſammeln, und im freien Gedankenaustauſch die Prinzipien feſtzuſtellen, auf Grund deren die Cultur- und Hydrotechnik als exacte Wiſſenſchaften gefördert und gleichzeitig die allgemeinen Anſchauungen zur Ausführung größerer waſſerwirthſchaftlicher Unternehmungen im Volke erweitert und geſchärft werden.

Dieſer Congreß wird auch Gelegenheit bieten, um die Reiſeroute zu beſtimmen und die Mitglieder der Commiſſionen näher bezeichnen zu können, welche alljährlich mit Unterſtützung des Reichskanzleramtes in das Ausland reiſen, um die Fortſchritte der waſſerwirthſchaftlichen Cultur anderer Völker im Intereſſe des deutſchen Vaterlandes zu ſtudiren und zur allgemeinen Kenntniß des Volkes zu bringen haben.

Dieſes wären in Kürze die Grundzüge, welche bei Prüfung der Frage: „wie eine geregelte Waſſerwirthſchaft einzuführen ſei?" in Erwägung kommen. — Wenn ſolche hier noch als ein ideales, anzuſtrebendes Ziel hingeſtellt ſind, ſo darf nicht unerwähnt bleiben, daß man ſowohl in Frankreich und Belgien, als auch in Baden und Baiern, beſonders aber in Elſaß-Lothringen, die Organiſation der Waſſerwirthſchaft in beregter Weiſe von Seiten der Staatsverwaltung — bis auf die noch fehlende Organiſation eines Landeskulturrathes und Einſetzung von Meliorations-Commiſſionen — bereits praktiſch durchgeführt hat.*)

Treten aber die politiſchen Vertreter des Volkes, des Handels, der Technik, der Wiſſenſchaft und der Verwaltung in dem von Sr. Excellenz dem Miniſter Dr. Lucius angezeigten Geiſte zur allgemeinen Hebung der Landeskultur und Waſſerwirthſchaft zuſammen, ſo werden die Grundlehren auch bei uns erfüllt werden, welche bereits die Weiſen der Indo-Germanen dem Volke predigten, indem ſie ſagten:

„Bewäſſere die Erde, wo ſie dürſtet, und entwäſſere ſie, wo ſie zu feucht iſt, damit du fruchtreiche Ernten, ſchmuckes Vieh und fröhliche Menſchen ſchaffeſt!"

*) Vergl. Mittheilungen über Landwirthſchaft, Waſſer- und Wegebau in Elſaß-Lothringen während der Jahre 1871—1877. Zuſammengeſtellt im k. Oberpräſidium. Straßburg 1878.

Nachtrag.

Zu der auf Seite 47 bis 52 gegebenen Betrachtung, über die Aufforstung der Oedländereien im Gebirge, diene noch folgende Erläuterung:

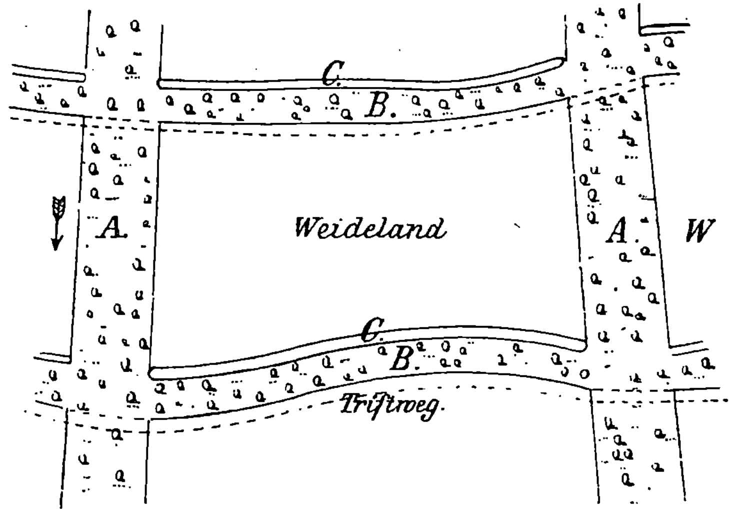

Die, an den zur Weide geeigneten Berglehnen anzulegenden Schutzstreifen (A) sind von der Höhe zur Tiefe in einer Breite von durchschnittlich 10—15 Meter aufzuforsten, wobei die nöthigen Triftwege, mit möglichster Benutzung der alten, von der Tiefe zur Höhe führenden Waldwege, unterhalb der horizontalen Niederwaldstreifen (B) ihren Platz finden können.

Die örtlichen Entfernungen der horizontalen Gräben (C) richten sich ganz nach der Niveaulage der aufzuforstenden, oder als Weideland zu benutzenden Flächen, und können dieselben bei geringen Steigungen bis auf 100 Meter von einander entfernt angelegt werden. Eine tüchtige Forstverwaltung wird in Verbindung mit einer ihr zur Seite stehenden Meliorations=Commission (Seite 92) die richtigen Maßnahmen allerorts leicht zu treffen wissen. Die hierzu erforderlichen Kapitalien betrachte man als eine der rentabelsten Staats=Anlagen und darum sichersten Stützen des Vaterlandes.